眾·生

我也有
聰明數學腦

15堂課
激發被隱藏的
競爭力

思達數學教育中心負責人
盧采嫻／著

CONTENTS

PART 2

越早培養越有效益，利用「七覺」強化敏感度 33

CONTENTS

PART 3

PART 4

PART 5

各方推薦語

數學腦的奇妙與不可不知

《我也有聰明數學腦》是一本普羅大眾的讀物，當您讀完這一本書，肯定會讓您「哇」一聲，數學真的這麼有用。這本書將會讓您見識到活化數學腦的同時，在職場上或生活上需要的觀察力、洞察力、分析力、判斷力、想像力、創造力、邏輯思考等能力自然具備了！這並不意味著假若以前您是數學課堂中的逃兵或是客人，您就需要投降！別擔心，數學腦這本書提供了隨手可得的數學遊戲，讓您挑戰自己一下，重新建立您的這些能力。

——林碧珍教授

我們在生活、學習中都少不了數學，而學習與遊戲是同一回事。因此，這本書在刻意營造的遊戲學習情境中，加強我們的學習速度、判斷事物能力。讓數學不只是數學，提升邏輯思考、創造分析的能力，才是學習數學的正道。

——永然聯合法律事務所所長李永然律師

腦科學的研究常告訴我們「用進廢退」，「熟能生巧」。在學習過程我們常發現越害怕的科目越無法得到理想的成果，也造就我們越排斥它；在這種惡性循環之下就不容易有好的學習成果！

擁有「數學腦」是與生俱來的嗎？對少數天才的確是如此！對我們一般人來說要如何擁有它呢？

本書提供許多觀念與腦科學的研究不謀而合，讀者可以透過書中有趣的練習，來強化我們不靈活的數學腦，如此一來我們也可以輕鬆擁有「聰明數學腦」！

——適健復健科診所院長陳昭蓉醫師

「數學腦」是人類獨特的天賦，本書作者用五感七覺的全教法喚醒DNA的精靈，使思考力的建構可以成為每個人「一輩子帶著走的能力」。

——數位學習產業聯盟榮譽會長／旭聯科技（股）公司董事長黃旭宏

一九九六年因為記憶訓練認識盧老師，去年暑假一同在舊金山推廣我們各自的專業領域時，謝謝盧老師運用五感開發我家龍鳳胎的數學腦，不到三歲的他們開心的模樣，就是學習最好的回報。

——強效學習專案戴維思，二〇一四年五月二日寫於美國舊金山巡迴演講

擁有「數學腦」是與生俱來的嗎？對少數天才的確是如此！對我們一般人來說要如何擁有它呢？

我親自陪孩子上盧老師的課，我見證數學和我們的積木一樣有趣！

——班恩傑尼股份有限公司董事長黃培根

自序

強化數學腦，永不嫌遲！

當我發現數學成績和數學能力不是畫上等號時，我的人生開始有了轉機。

念書期間，數學分數一直是不及格的我，現在經營數學補習班二十年，全省有二十多家分校，在大陸上海、廣州、河北也都有分校，並帶領教學團隊編寫數學繪本和數位教學，這些改變都只因為我嫁給一位不發考卷給學生的數學老師。

魏老師，我的先生，師大數學系畢業後的他，曾在學校擔任數學老師。認識他時，他拿一張數學題目給我，想探一探我的數學能力。一看到數學就快昏倒的我，怎麼有興趣解題！便直接告訴他，「我就是數學不好，只好念幼保科當幼稚園老師，永遠都可以不用碰數學！」

他拿了一堆圍棋出來，很認真的說，沒有要我算公式也不是考試。然後，他就把圍棋依照題目的說明移過來、移過去的，答案竟然就出來了！之後，我看到他幫孩子上數學課時，即便簡單的加法，卻可因不同方法，卻使題型增加了好多的變化，不再只是數字間的相加。

在解題過程中的思考方式，我更看見每個孩子在他的引導下，表達出各自的想法，我才驚覺原來數學可以這樣「玩」，更重要的是，他啟發了我應該著重於培養孩子的數學能力，而不只有算術練習的想法。

魏老師讓我對數學有了不一樣的看法，也讓我發現其實我們生活中的食、衣、住、行、育、樂都與數學有關。回想小時候媽媽買小點心，由於家中連我共有四個孩子，每個人就只能吃全部的四分之一。每次哥哥、姊姊、弟弟放學回家的時間不同，吃之前就會推算一下幾個人已經吃過，自己可以吃多少；小學三年級想要買個洋娃娃，為了賺零用錢，我就要估計做緞帶花能賺多少錢？需要多少時間？把預算和時間倒算回去，我就知道何時可以買到想要的洋娃娃。

出社會工作後，我發揮所學從事幼兒教育，秉持著蒙特梭利女士的教學精神，堅持孩子的學習必須透過感官和動手操作，再加上故事情境引起孩子的學習興趣，並以七覺的訓練活化孩子大腦。三十年來，在這樣的教學方式長大的孩子，個個成績優異，不怕面對問題，處理問題的能力也多元。孩子所學的不只是表面的數學知識，而是帶得走的數學能力，甚至可以在成人後用得出來的能力。

在和家長談論孩子數學時，大多數媽媽都和我一樣怕數學，但我讓她們知道，她們可以成為孩子最好的數學老師，但不是幫孩子算完所有的數學題目，而是覺察生活中的數學，開發自己和孩子的數學腦，當孩子的生活經驗值夠了，就放手給孩子面對與處理，彼此學習交換想法和意見，在良好的互動中一起成長。

寫這本書是由於好友燕如的鼓勵，她希望我能分享如何運用數學腦，從負債小資女轉變成包租婆的小祕訣，我的兩個寶貝兒子、女兒也期待媽媽出書，讓大家知道他們如何輕鬆學數學，並能以小小年紀獨立面對住校生活，而我最想要分享的是，我所遇到最好的數學老師——我的先生魏老師。他認為數學不是用

「教」的，而是用「導」的，才能導出孩子的潛在能力和未來的競爭力。教育是使命，在現在教育體制的不斷變化下，我們更須強化自己的能力，掌握自己的未來。

PART 1

我思故我在，每個人都有**數學腦**

數學腦是啥玩意？

一看到「數學腦」這個詞，你是不是想馬上撇清關係，「喔，我從小數學就不好，這跟我沒關係！」或者略帶無奈的認為，「唉，我就是數學不好才會念文科！」如果，你認為計算能力好壞就代表數學腦的存在與否，那就大錯特錯了！

經過這數十年在教育領域與潛力開發的耕耘和研究，我深切體悟到一個人數學能力的養成，絕不只局限於計算能力等應用在考試和學科上的發揮，更廣及於在養成過程中，因為解題而培養出的邏輯力、分析力、直覺力、判斷力、表達力等，諸多在生活職場中必備的能力。

簡而言之，數學腦可以視為大腦潛能中的一部分！因此，我們可以說其實每個人都擁有數學腦，只不過各人的狀況不同，而有不一樣的發展和成長。

◆有數學腦就有競爭力？

美國旅館業大亨希爾頓曾經表示，對他來說，數學是一種能夠協助他運用更快的方法，將問題以更簡單、更明確的方式表達出來並盡快解決的工具。

他說的數學，並不是大家認為的那些類似代數、函數……之類的艱深數學題，而是指學習數學時，所發展出來的解決問題的過程和方法，這些過程其實就是一種心智訓練，也正是數學腦的形成要素。

在強化數學腦的練習中，我們原本的理解力、記憶力、分析力等各方面能力都會同時被加強，讓我們的思慮清晰，不容易受外物干擾影響。對於我們的生活和工作來說，數學腦的強化會讓我們擁有更多的優勢！

事實上，在職場中，即便我們非常不喜歡數學，卻怎麼樣也不可能脫離它！以一般上班族來看，每天的工作進度安排、出貨進貨計算、客戶流量統計……，幾乎都跟時間管理、組織分析等能力有關；以主管而言，營收評估、圖表分析、人事管理……，也跟邏輯推論、解析評估等有極度的密切相關。

至於執行長、營運長等高階領導者更不用說，必須做出重要決策的他們，絕對擁有一個超強的數學腦，但這並不是說他們一定都擁有專業的數學背景，或是超優異的計算能力，而是他們對數字一定有非常好的敏感度，而在邏輯判斷、推理分析的能力，肯定也令人折服。

因為具有如此清晰的數學腦，這些領導者才能在第一時間做出最好的策略，擬出最有利的未來願景，創造出最有績效的營運計畫。

◆活化左右腦，加強競爭力

那麼，數學腦是如何運作並影響我們的所作所為呢？

如同大家所知，人類的大腦可概分為左右兩半部，左半腦負責比較理性的部分，例如我們的語言能力、觀察能力、邏輯推理等能力，大都由左半腦掌控，因此有些專家學者會稱它為「知性腦」。

至於大腦的右半部則負責比較感性、感覺的部分，像是我們的第六感、藝術品味、想像力等，都屬於右半腦的範圍，因此有時會被稱為「感性腦」或是「藝術腦」。

不過，數學腦著重的並不只是右腦或是左腦的強化，而是左右腦的相互運作。因為不論右腦或左腦，大腦的運作絕不是左右兩半部各管各的，而是相互交流影響。

例如，以比較簡化的方式來看，我們經由聽覺、嗅覺、味覺、視覺等感官接收到的訊息，是由右腦處理關於創意和感受部分，之後再由左腦做出語言方面的處理。然而，以上說明是非常籠統的，因為光以語言文字這塊領域來看，在處理的精細度上，也依左右腦而有不同的處理階段和層級。

不過，唯一可確定的是，大腦絕對是要在左右交互合作的狀況下，才能發揮最大的潛力。

那麼，如何讓右腦的感性和左腦的理性同時運作練習，達到鍛鍊數學腦的極大化，在後面的章節遊戲中，我希望所有讀者能夠親自體會！

即便數學不好，也能有數學腦

將時間回溯到二十幾年前，當時學幼教的我，絕對沒想到今天我會出版一本跟「數學腦」有關的書！因為，數學這門科目對我來說，就如同大部分人的感受一樣，「有看沒懂」，絕對是我所有科目中的最弱項。

然而，曾經一上數學課就害怕的我，今天已經從事教學二十多年，還憑著良好的理財方法，從負債的小資女成為「包租婆」。周遭的朋友都不相信我的數學不好，更不相信我曾經看到數字就頭大！之所以有這樣的改變和認知誤差，都在於不適當的學習方法和對數學的誤解。

◆從遊戲中感受數學

你曾經玩過桌上遊戲大富翁嗎？或是有沒有玩過賓果遊戲呢？又或者，你曾經下過跳棋、圍棋或是象棋嗎？跟朋友進行這些遊戲時，你曾經覺得自己在算數學，或是感受到這些活動跟數學有關嗎？

我想，大部分人在當下都不會把它們跟數學產生聯想，只是盡力去達成目標、獲取勝利。然而，事實是，這些活動當然跟數學很有關係，其中所要運用的分析力、判斷力、邏輯力……，在在都是我們在學習數學時要具備的能力。

可惜的是，當我們回歸到學校的數學課時，這些分析力、判斷力、邏輯力等似乎都成了配角，主角被考試的成績取代。當我們只重視考試的成績，而不在意孩子在解題過程中如何思考時，我們所培育出來的只是會考試的書呆子，而不是能夠解決人生中各種酸甜苦辣問題的有為者。在這樣的狀況下，你不覺得強化數學腦，真的是非常重要的一件事！

為了達成這個目標，首要的就是改變對數學腦的誤認，不要以為數學腦就是計算能力的代稱。事實是，舉凡運用在各種益智遊戲上的分析力、邏輯力、判斷力等能力，才是數學腦的真正法寶！

然而，如何激發潛藏在大腦中的數學腦？如何能讓我們的邏輯力、判斷力、分析力等能力發揮最大值呢？藉由簡單的遊戲和練習會是輕鬆又簡單的方法，而且成人小孩都適用。

◆從過程中尋找方向

在數學腦的開發與強化上，我所強調的就是思考力的建構。

當你解答問題時，能不能從「問什麼？」「條件是什麼？」「陷阱在哪裡？」……的過程中，慢慢的將答案解開，甚至發現各種不一樣的解題方法呢？這些針對問題的思考過程，相對於把答案算對、計算能力很棒、心算很強等，都來得重要！

左圖代表面對一個數學問題的解題過程。從這張圖表中可以發現，在學習數學的過程中，成績好壞呈現出的成果，只是最後的片面呈現，然而中間的理解、分析、嘗試等步驟，卻影響著一個人是否能藉由目前的學習，獲得未來長足的發展和進步。

憑藉這樣一個有系統、有組織的思維模式，可以讓你在日後的人生進程中，在面對問題時，知道如何抽絲剝繭的找到癥結點；在面對抉擇時，可以冷靜並有條理的分析評估。

也就是說，數學腦的強化絕不是要你練習一堆的數學題，因為它不是屬於「常識」，而是一種「能力」，一種你與生俱有的能力，只不過一堆的數學考試讓你對它敬而遠之，越來越遺忘或失去這種本能。

現在，我希望能藉由這本書協助你找回失去的本能，也就是找回你那「被遺忘的數學腦」！

解題的過程和要項

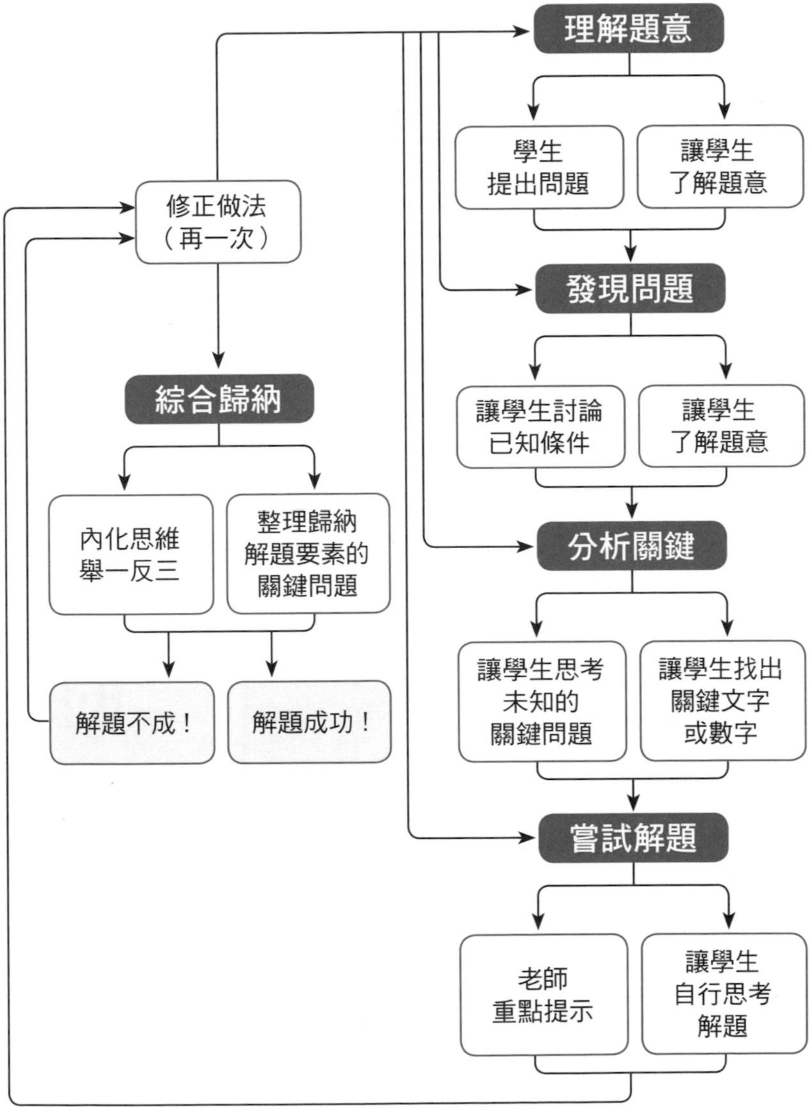
理解題意
學生提出問題
讓學生了解題意
發現問題
讓學生討論已知條件
讓學生了解題意
分析關鍵
讓學生思考未知的關鍵問題
讓學生找出關鍵文字或數字
嘗試解題
老師重點提示
讓學生自行思考解題
修正做法（再一次）
綜合歸納
內化思維舉一反三
整理歸納解題要素的關鍵問題
解題不成！
解題成功！

數學腦與日常生活的息息相關

職場中脫離不了數學腦的影響力，從遊戲中也可以找到很多跟數學腦有關的應用，而在日常生活中更可以發現數學腦的廣泛運用。重要的是，你一定也曾經運用過，只是你沒發現那是你運用本身的數學腦能力！

◆無形中的各種數學概念

現代人很喜歡旅遊，更喜歡利用一個小假期到國外走走、享受一趟「微奢華」的小旅行。那麼，如何在合理有限的預算下，做到「微奢華」的需求呢？

例如，我們通常會以幾天住在五星級大飯店，然後幾天吃平價食堂的「截長補短」法彈性分配旅費的運用，而這種「截長補短」法就是數學腦的一種發揮。

此外，以我為例，我們全家常會利用暑假到國外旅遊，我的女兒最熱中於安排行程計畫。每次一旦決定好目的地和出發時間，她就會開始回推出發日期並規畫好每一個進度安排，例如訂機位的時間、網路訂房的時間，以及每一個景點的活動安排等。

這種倒推法的運用，不但適合運用在旅行計畫的安排，也非常適合運用在減重計畫、心願完成計畫等各種跟我們切身相關的事項中。只要為自己設下一個確切日期或是時間長度，就開始計算每天或是每個區間的進度，以便有效率的完成心願。

至於在家庭生活的安排處理上，更是處處可以發現數學腦的應用痕跡。例如現代職業婦女都很忙碌，不可能天天買菜，通常都是利用假日採買，一次可能是兩、三餐的分量。

這時我們就可以用「比例」的概念，把買來的菜均分後分開包裝，肉品可切成肉片、肉塊等多種變化，每次要用就取用一份使用，一方面不會因為在冰箱中拿進拿出，容易使蔬果肉品不新鮮，一方面規畫如何烹調時，也比較容易思考，不會老吃一樣的菜色。

而在工作忙碌之餘，女性們總希望自己每天都能穿得漂亮又有變化，可是衣櫥中琳琅滿目的選擇，又不知如何搭配。我的做法是，利用分配組合的概念，把一整週想要穿的衣服大概列出，如此一來，即便自己的衣物不多，也能在不同的搭配下，而有不一樣的感覺！

另外，在計算家庭收支時，如何妥善運用每一分錢，讓自己可以擁有不錯的生活品質，又能存些退休金，更是跟數學腦有非常密切的關係！

所以千萬不要再說自己不懂數學、離需要算數學的學生年代已很久遠了。強化數學腦的重要性，絕對是我們一生都不可忽略的！

◆以「七覺」增強數學腦效力

從職場甚至每天的例行事物中體會數學腦的存在，讓自己對數學的排斥感消散外，我們也可將觸覺、視覺、聽覺、嗅覺、體覺、味覺，以及心覺等「七覺」作為數學腦的催化輔助劑，在無形中提升我們的敏感度，活化大腦的發展。

參與一些腦力開發的講座分享時，常會聽到參與的學員提出一些很相似的問題，例如：「怎麼樣從生活中培養藝術品味？」「每次都想不出新點子，該如何找靈感？」「我的記憶力越來越差，怎麼辦？」

事實上，不知道大家有沒有發現，每天處在快節奏生活的你，其實對很多事物的感覺都已經鈍化了，吃東西是囫圇吞棗；看展覽也是匆匆看過；對冷熱的體感也不是很在意……，在這樣的情況下，你怎麼可能強化大腦的發展、讓數學腦不斷進化？

當你失去敏感度，對很多事物的體會和學習就難以更上一層樓，更別希望還能發展出良好的邏輯力、判斷力、觀察力、分析力，並強化數學腦。所以，讓自己保持耳聰目明、心靈清明，將會是鍛鍊數學腦前的先行步驟，而這先行步驟的要訣，則類似近幾年盛行的「五感體驗」。

不過，經過多年來的實際操作和分享，我發現五感體驗並不夠滿足敏感度的訓練和開啟，因此我將其轉化為「七覺」，也就是觸覺、視覺、聽覺、嗅覺、體覺、味覺以及心覺，你也可將這「七覺」視為鍛鍊敏感度並進而強化數學腦的「七訣」！至於如何感受並運用這七覺？我將在下面的內容中跟大家分享。

PART 2

越早培養越有效益，利用「七覺」強化敏感度

擁有孫悟空的火眼金睛

看看現代人，十個人裡面大概八個人都有視力問題。因為電腦、手機的普及，每個人都習慣於盯著螢幕看，看到眼睛乾澀、飛蚊症復發，雙眼發生了問題，才急於保護視力，吃葉黃素、魚肝油。

其實，視力的保護要從平時就開始，少接觸電視、電腦等會刺激雙眼的影音產品，或許會是一個好方法。只不過在網際網路時代，做什麼事情都要倚靠電腦的狀況下，實在很難戒除使用電腦的習慣。

不過，在可能的情況下盡量減少使用的頻率，我想每個人都可以做得到。例如我們家從很多年前就很少看電視，少看電視後，家人的感情反而更緊密，因為我們不會手拿著遙控器，無所事事的坐在電視機前一直轉換頻道，即便根本沒有想看的節目。我們會在一起看書、聊天，甚至多到戶外走走、曬曬太陽、看看綠樹，讓雙眼休息一下。

擁有健康的雙眼算是具有良好視覺能力的基本條件，然而想要有敏銳的視覺觀察力，則可以靠一些簡單的訓練，也可以從自己有興趣的事物找方法練習。

例如我的小兒子對汽車、飛機等交通工具非常有興趣，因此他從小在路上看到汽車，都會特別注意它們的車型外觀，當年紀更大一點，就會開始區分它們不同的標誌和特色。

現在他只要光看車子的車燈，就可以知道是哪個廠牌的車子，甚至車子在急速行進時，他也可以很快地看出車子的標誌，有時甚至連車牌號碼都可以憑藉急閃而過的一眼，準確地說出來。

這種視覺上的敏感度，其實是在無形中慢慢培養而成。因為從小瞭解他對車子的興趣，我們就會引導他去觀察不同的車子，並把辨識車子當成一種遊戲，久而久之，他的視覺敏感度便在不知不覺間被強化，而且沒有任何壓力和負擔。

這幾年，他對飛機也非常有興趣，我們有時間就會去看飛機，每次飛機一起飛，他看著天空的飛機機尾，馬上就會跟我們說，「那是〇〇航空公司的飛機。」對他來說，那是一種成就感，更是日後成為培養他良好觀察力的本錢。

聽見風在唱歌的聲音

大家常說一個人「耳聽目明」才能準確的判斷事情真偽。然而我們卻常盲從光是雙眼見到的表象。

偏偏現代人太會隱藏，表象虛幻的事物又太多，有時靠著聽聲辨物或是感受對方說話時的聲音訊息，反而更能分辨事實的真相。

觀察那些有視力障礙的人，你會發現他們的聽覺異常敏銳，總能聽見一些細微的聲音；反觀我們這些正常人，卻總是忽略很多發生在周遭的聲音，長久下來，我們的聽力就很容易鈍化，嚴重的，甚至會影響到自己跟別人的互動溝通，對別人說的事情聽而不聞，或是難以消化其他人正在討論的事情。

建議你，每天挪出一些時間讓自己放鬆，靜靜的坐在室內或是戶外的長椅也可，閉上眼睛，細細的領會進入耳朵中的聲音，不論是上班族急促走過的腳步聲、狗兒追逐奔跑的聲音、各種鳥兒在枝頭鳴叫的聲音、微風吹拂樹葉的沙沙聲……，讓自己將感官完全鎖定在雙耳去感受、分辨。

假日時，我很喜歡全家人一起去欣賞音樂會，不論是免費的戶外表演，或是在音樂廳、社教館舉辦的活動，從孩子小時，我就會帶著他們一起仔細聆聽樂曲中不同樂器奏出的聲音。

有時，我們會把眼睛閉上，然後以聽覺分辨表演者正在使用什麼樣的樂器，而一首交響樂團合奏的樂曲中，又包含了多少種不同的樂器？運用一些有趣簡單的方法，一方面讓自己的雙眼休息一下，更可以感受聽覺所帶給我們的感動和美好。

此外，為了不要讓自己成為聽而不聞的人，拉長與別人的溝通距離，你可以練習每次跟別人交談後，試著當面將對方說的重點歸納整理後，重新說一次給對方聽，除了練習自己抓重點的能力，也可跟對方再次確認自己有沒有聽錯或誤解他的意思。

品嚐新鮮天然的真實滋味

現代人的外食機會多，又偏向重油重鹹，常在無意中破壞了自己的味覺敏感度。我們舌頭表面的味蕾，分布著許多的味覺細胞，經由這些味覺細胞的作用，讓我們能感受出食物的味道。

對於廚師、品酒師這類靠味覺工作的人，保持清淡的飲食絕對是他們飲食習慣的重要原則。因為當味覺細胞習慣於濃重的口味，就會逐漸鈍化、麻痺，難以區分出食物的原味和層次。

我們看一些專業的品酒師試飲新酒時，總會啜飲一小口到口中後，再慢慢地吞下，接著就說出酒中的滋味，包括它的前味、中味與後味，就是讓口中的味覺細胞能夠細細品嚐酒中所蘊藏的滋味。

想想自己每次吃東西或是喝東西時，是否總是習慣囫圇吞棗的大口吃、大口喝，又總是喜歡吃過熱或過冰冷的食物？在這樣的飲食習慣下，你的味覺不可能有靈敏的感受度，甚至對食物的味道只會越來越遲鈍。

如果你希望自己也能像美食家、品酒師一般，對味覺有過人的識別力，你可以藉由下面的方法慢慢練習：

第一，不管喝東西、吃東西，都以小口的方式進行，而且慢慢的吞嚥，讓食物可以有停留在口腔中的機會，加上口鼻是相通的，也可藉由鼻子的嗅覺，提升味覺的感受度。

第二，不要吃過熱或過冷的食物或飲品，那容易傷害味蕾。

第三，要細嚼慢嚥，這樣不但可以讓食物更容易消化，也可以讓食物的味道跟味蕾充分融合，可以更確切感受到食物的滋味。

第四，少吃口味重的食物，以免使味蕾的感受度鈍化。

第五，進食完畢，要習慣性的漱口，清除口中的異味，保持口腔的清新。

第六，把食物放進口中細細咀嚼的同時，一邊思考和感受它的滋味是否跟原先的想像有所不同，並問問自己吃到的感覺是什麼？

此外，盡量少吃加工食品，多吃食物的真實原味。我們就是吃進過多的加工食品和調味料，才會嚐不出黑心食品的不正常香味。

保持自己味覺的敏感度，不但能提升自己對食物的感受，更能防止自己受到不健康食品的危害，何樂不為呢！

嗅聞花園中的萬紫千紅

你能夠分辨出不同花朵的香味嗎？你能夠聞出大雨過後，草地上散發出的土壤潮濕味嗎？放到陽台上的棉被，被暖烘烘的太陽曬過後，那種充滿陽光的味道，你聞過嗎？

根據研究，人們的情緒有百分之七十五會受到嗅覺的影響。這幾年有所謂的嗅覺行銷，就是藉由「味道」營造品牌的感受度，由此可見，嗅覺對人的影響之大。一般來說，聞到喜歡的氣味，會覺得心情比較好；相對的，聞到不喜歡的味道，不但容易影響心情，甚至常影響到我們的專心度。

思達數學總部剛成立時，為了讓孩子從學校回來後，有一個比較放鬆的感受，我便要求大家都脫鞋進入教室。不過，好動的小朋友在學校經過一整天的追趕跑跳後，不但滿身大汗淋漓，就連襪子都充滿異味。

因此，雖然脫下鞋子可以讓大家感覺比較輕鬆，可是教室中強烈的異味卻難以讓大家專心，更不能放鬆心情。之後我便請大家還是都穿著鞋子上課，同時強化空氣清淨機的功效，並不時點一些能散發濾淨空氣功能的精油，讓大家能擁有一個舒適的空間。

想要有良好的嗅覺，保護好鼻子是最基本的要求。不過現在因為空氣品質不好，很多人常有鼻子過敏的毛病，在這樣的狀況下，想要能有如靈犬般敏銳的嗅覺，絕對是難上加難！

因此，平時就要注意鼻子的保暖和保健，遇到空氣品質不好或是風大，就要戴口罩，保護自己的鼻子不要受這些外在環境的影響。平時更可藉由小小的訓練，適時提升自己的嗅覺敏感度。

例如，在食物放進口中之前，你可以先聞一下它的味道；到山裡走走時，你可以慢慢的深呼吸，聞聞大自然的味道；到市場挑選蔬果時，你也可以嗅聞一下這些天然的食物原味……，讓自己盡量去嗅聞一些自然、不經化學加工的味道，保持鼻腔的清新和暢通。

讓嗅覺能夠輔助味覺，對各種事物環境的味道可以有更深層的感受和體會，這對我們判斷力、感受力或是觀察力、分析力等能力的提升，一定可以產生正面的幫助和效益。

撫摸草地的柔軟與樹皮的粗獷

為了多瞭解各國在教育體制和做法上的不同，我常出國研習參訪。有一年在日本的參訪，讓我的印象非常深刻。

那是一次到日本的蒙特梭利幼兒園的參訪，在參訪的同時，我也同時親身體會那裡的教育方法。其中有一個非常有意思的活動，帶領者要求大家把腳上的襪子和鞋子都脫掉，然後給大家一堆顏料和非常大張的白紙，要我們利用身體的部位在紙上作畫。

記得當時正是日本的秋末，天氣非常的冷，脫掉襪子和鞋子的我們直發抖，然而把手沾上濕冷的顏料時，卻有一種很奇妙的感覺，並覺得「原來顏料是這種觸感啊！軟軟涼涼又滑滑的……」

當我們開始作畫時，大家更是無所不用其極，有的人用手肘沾上顏料後畫出一大片天空，有的人則將部分頭髮沾上顏料後，畫出像柳樹般的枝條；還有的人利用腳趾的大小拓印出一片花海……！

那是一次很奇妙的體驗，也就是在這樣的活動中，讓我感受到觸覺對於人們的靈敏度和感受度有極大的影響，更有機會讓我們瞭解平時可能沒注意到的事務和面向。

事實上，我們全身上下遍布著觸覺接受器，以便體會來自外在的痛覺、壓覺、撫摸等感受。但是我們卻常忘記善用這樣的觸覺去認識外在的事物，而總是被動的接受外在環境給我們的刺激。

從今天開始，對於自己周遭的事物再多些關心，用雙手去體會一些不同的物體，比如不同的葉子摸起來有什麼不一樣的感覺？真皮的鞋子和合成皮的鞋子，摸起來有哪裡不一樣？擦了乳液和沒有擦乳液的皮膚，摸起來有什麼差別？夏天時，光著腳到海邊去踩踩沙；天氣熱時，跟孩子一起用水龍頭沖濕身體，感受水柱沖擊皮膚的感覺。

你會發現，當自己多用觸覺感受周遭的事物環境時，有趣的事情更多了，世界也變得更大了。而且很多你習以為常的事物，經過觸覺的體驗後，卻以不同的樣子呈現出來！這樣的體會對日後提升你的彈性度和適應力，都會有正面的影響和幫助。

追趕跑跳碰，動動全身的筋骨

很多人會把觸覺和體覺視為一體，但是我覺得這兩者是不一樣的。觸覺強調的是經由接觸所體會到的感受與經驗，而體覺則是藉由身體的活動所衍生出的感覺。

以我們家為例，我們全家大小都非常喜歡利用假日到戶外活動，不但可以親近大自然，更可以利用身體的活動促進新陳代謝，對於身體的發展和各種感官的訓練，都會產生正面的提升效益。

相較於亞洲人，你會發現歐美人士都非常喜歡運動，他們喜歡擁有古銅色般的健康膚色，樂於接觸大自然，休閒時就去踏青、登山、衝浪……，從事各種的戶外運動。

曾經有一次我到瑞士參加研習時，假日到附近的海邊散步，便看到很多帶著三、四歲孩子的媽媽，就讓孩子坐在沙灘上玩沙。她們不像台灣大部分的父母擔心孩子會把沙子吃進嘴裡，而是陪著孩子一起玩。

等到孩子大一點，他們不是讓孩子去參加各種才藝課，而是參加他們喜歡的運動社團，例如足球社、壘球社、排球社等。在這樣的教育思維下，從孩子到成人都對運動有著極度的熱愛，對於體覺的敏感度訓練也有更好的效果。

事實上，養成運動的習慣，不但可以緩解平時工作和生活上的壓力，也能讓我們的體能更好、反應更敏銳，進而能有效刺激大腦細胞的活化。

有些人會覺得，「我每天工作這麼忙，哪有體力運動？」「明天要交的企畫案都還沒寫出來，哪裡還有時間運動？」其實，運動並不是在消耗你的體力和時間，相對的，反而是增強你的體力並激發你的靈感。

有一個針對智力和運動關係的研究顯示，不論小孩、學生或是職場工作者、銀髮族，有運動習慣的人，在心智表現和工作效率、學業成績上，都有更好的呈現，而這正印證了運動可以刺激腦內細胞活化的說法。

所以，不要再當個一天到晚宅在家的宅男宅女，更不要一天到晚只沉迷於網路的虛幻世界中，快起來動動身體，讓運動紓解你的筋骨和壓力，促進自己隨著年齡增長而越趨緩慢的新陳代謝！讓自己更健美、更聰明又更有活力，這麼一舉數得的事情，還不趕快進行，就實在太不聰明了！

從心感受世界的美好與躍動

在七覺中的「心覺」，跟其他六覺可說息息相關，而且也是最重要的一點。因為缺少了心覺，剩餘的六覺都不能真實的感受，而只是如表面文章一般，做個樣子，敷衍了事！

隨著歲月的老去，常會聽到朋友抱怨，「記憶越來越不好了！每次剛拿什麼東西放到櫥子裡，馬上就忘記了！」你有沒有想過，真是你的記憶不好，還是你在做事情時漫不經心？

用心、細心、貼心，可說是「心覺」的三大要項。當你做到這三項時，相信你的心覺便可擁有絕佳的敏感度，能更敏銳的感受外在環境的變化和波動。即便面對不景氣的未來，你也可先一步感受到詭譎的氣氛而能早做準備。

至於如何訓練自己的心覺呢？我建議大家可以先從日常生活中做起，因為這樣最簡單也最容易執行。

例如當你手上拿著一個物品要放到廚房時，在心裡也同時默念著，「我要把○○放到廚房。」想像著這個東西不只是拿在你的手中，而是放進你的心裡，走到廚房後，再從心裡把它拿出來。如果每件事情你都慢慢習慣先把它放到內心再行動，久而久之，你就不容易「視而不見、聽而不聞了」！

當思達數學需要徵聘新進老師時，不同於一般制式的考試，我通常會用一些遊戲考驗應徵者，其中有一個取名為「十色蛋糕的遊戲」，題目內容是：「有十種口味的蛋糕要分給三個人，而且每個人都要吃到三種口味，你覺得該如何分配才會吃得一樣多？又會剩下哪種口味呢？」

當場我會給應試者十根長短不一的彩色長條，然後要求他們用這些長條完成解答。

看似遊戲的一個題目，其中就蘊藏了我對應試者細心度與用心度的觀察，這個測驗雖然不用筆、不用紙，更沒有人才評鑑中很流行的評估圖表，卻可以很準確的測出受試者的很多能力，除了心覺的靈敏度外，更包括邏輯感、分析能力、組織力等。

在後面章節的練習遊戲中，有很多道題目可以讓你體驗，只要善用心覺，就可以很順利又快速地完成。如果一開始還不習慣，沒關係，藉由題目的練習，也可讓你很快感受到心覺的重要。

PART 3

數學腦
零極限之
效率訓練

骰子圈圈樂，你有多少點？

想想看，如果可以把三小時才能完成的工作，在兩個小時，甚至一個小時內完成，該多好啊！那表示你不但可以不用加班，還可以利用下班後的悠閒時光逛個街、看場電影。

不論生活或工作，男性還是女性，能將事情化繁為簡，讓事情有最完善的解決方法，不但省力省時，有時還能節省不必要的金錢支出。

藉由簡單的腦力激盪遊戲，激發出我們潛藏的能力，找出工作或生活中之所以不能化繁為簡的盲點，工作和人生不但能夠更有效率也更精采！接下來，就讓我們從左圖的「大腦動一動」開始，訓練自己化繁為簡的能力囉！

大腦動一動

以下圖案中，請找出符合橫排為 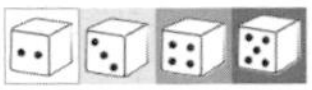 順序，直排為  順序的圖案，各有幾個？要注意！已經圈過的圖案，不能重複選擇喔！

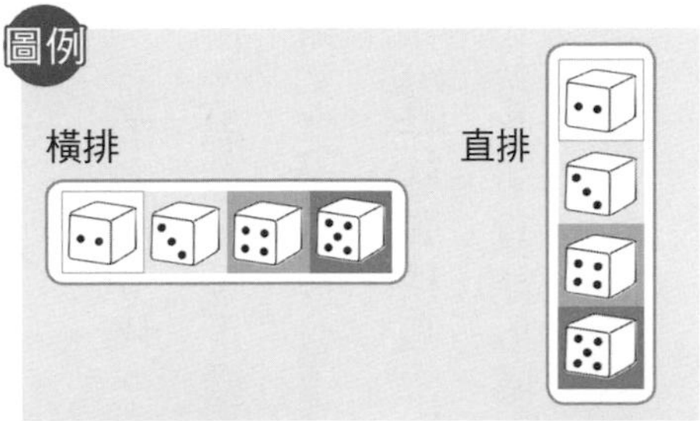

◆從單一選項開始練習

看到前面第五十七頁的「大腦動一動」時，你的直覺反應是什麼呢？是不是覺得一堆的點點又雷同的圖形，讓你想直接打退堂鼓？

人類的大腦極其複雜，偏偏人類的惰性卻總是讓大腦晾在一旁，看到複雜的事物就先舉白旗。長此以往，就算簡單的東西也變得複雜，而複雜的就更讓人傷腦筋了！

你有沒有想過，當看到自己不能馬上解決的題目，第一個念頭就是「好難」的慣性思維，是否從你孩童時代便慢慢成形？事實上，在課堂中，每遇到這類一大篇、又有很多圈圈點點的練習時，大部分孩子們的確都會哀號著「哇，好多喔！」「好難找喔！」……此起彼落的抱怨聲。

然而，我從每個孩子是否有耐心秉持著抽絲剝繭的態度，讓答案慢慢地浮出水面的觀察中也發現，越有耐心毅力並能從過程中培養出將問題化繁為簡能力的孩子，對未來的適應力也更好。

相對來看，在每天繁重的壓力下，職場中的工作者當然更希望自己的工作簡單輕鬆，沒有人想要複雜又難辨的差事。偏偏天不從人願，你可能覺得麻煩事總是落在自己頭上，但果真是如此嗎？還是同樣的事情，別人就是有方法可以有效率的解決，你卻是有如身處五里霧中，不知從何下手才好?!

以「大腦動一動」的測驗來看，不但要找出符合需求的圖樣，還要兼顧橫排和直排，乍看之下，的確會讓人頭昏眼花、不好解決，而有些人在視覺的廣度上，本來就難以一次兼顧不同方位。那麼，有什麼方法可以讓我們一步步的找到答案呢？或許，我們可以先嘗試比較簡單的練習！

以下的練習雖然有不同的花瓣、葉子會讓人眼花撩亂，不過因為只要符合橫排或直排的單一要求，是不是就讓你覺得簡單多了呢？

請在以下圖案中，找出直排為順序的圖案，並圈起來。

請在以下圖案中，找出橫排為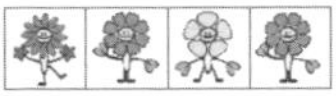順序的圖案並圈起來。

在逐步練習、慢慢增加信心的同時，你可以發現其實這些練習沒有那麼困難，只是比較繁複的圖片和過多的條件限制，讓你一時產生了「自我懷疑」。當能夠快速地各自找出橫排與直排的圖形後，你會發現「大腦動一動」的題目一點都不難。此外，除了先以橫排、直排的方法練習看圖的速度，你或許也可以用改變視覺領域的方法處理複雜的圖形。

◆分段式拆解好過於毫無章法

第五十七頁的「大腦動一動」，除了能各自從橫排、直排的方法練習看圖的速度外，也可以用改變視覺領域的方法尋找答案。

例如，一次要看一百格圖形會很吃力，或許我們可以把橫排、直排都遮起來兩行，縮小圖形範圍，減輕對於龐大的圖形檢索所產生的無形壓力。

如果你覺得各遮住兩排還是讓你看得頭昏眼花，就把範圍再縮小，遮住一半的區域，甚至可以因為每次要找的橫排與直排圖形各四個，只先以橫排四個、直排四個的區域來觀察。

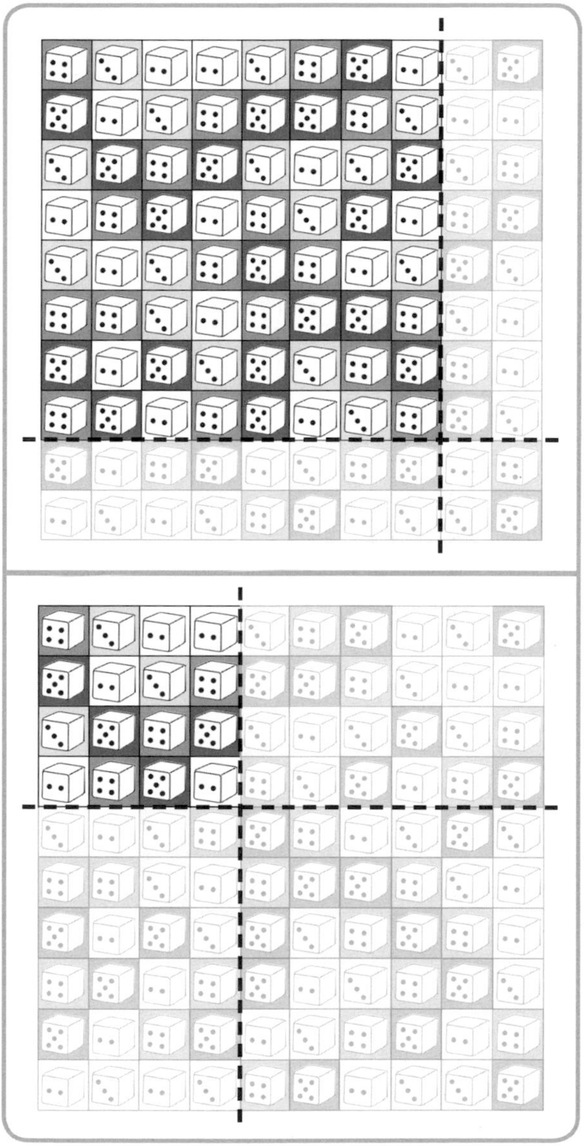

或許你會覺得，這樣分段拆解的方法不是比較慢嗎？其實不一定，尤其當你看著圖形發呆、不知該從哪裡開始時，把要處理的範圍先縮小再一一找出答案，絕對可以增加停滯不前的進度。

這就像我們年終大掃除時，看著一堆要清理的舊物、舊衣，會覺得不知該從何開始著手。如果我們可以依家中成員的年紀依序處理，而不是一次把所有要清理的衣物拿出，不但會覺得沒有那麼大的壓力，也可以更有效的處理。

◆找到KEY POINT也是破解的好方法

除了以橫排、直排分開看的方法訓練觀察的速度，以及用分段拆解的方法找答案以外，你有沒有想到其他可以更有效提升速度的方法呢？在解題思考的過程中，最難以有所成長的就是「沒想法」「不知道」！這就好像你接了一個大型專案的活動，或許你從沒有過相關經驗，若你只是面對著老闆出的大難題發呆，事情不會有任何進展。

以「大腦動一動」的圖形來看，一堆的骰子和點數還真是讓人眼花撩亂，為了不讓自己的大腦被這群紛亂的圖形蒙蔽，或許你可以找一個固定的圖形當主角，然後再去觀察周邊的圖形是否符合要求。

例如，我們以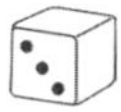為主角，只要看

到，就做個記號，然後以這些記號為依據，向上、向下、向左、向右的確認符合題目要求的圖形排列。你會發現，經過這樣的整理後，原本看來複雜的圖形變單純了，解題速度無形中也就可以加快了。

當然，你也可以把「主角」設定為兩

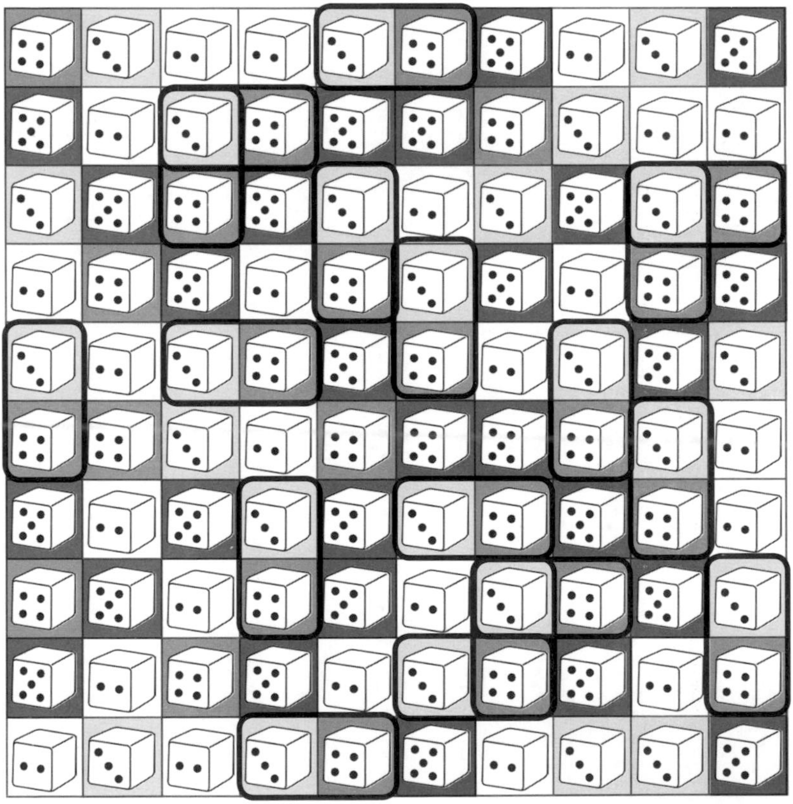

粒骰子，例如和，也就是在圖形中，只要有和的順序在一起的部分就畫上記號（如右圖），然後以這些記號為準，找出符合題目要求的答案。

TIPS 效率提升錦囊

問問自己以下兩個問題：第一，「有哪些工作的成果是事倍功半？」第二，「未完成的工作是否有其他方法可以更有效率的完成？」藉著這樣的思考，調整對工作的掌控能力和進度安排，讓繁雜的工作可以更有效率的完成。

電視機拼圖，你看哪一台？

這個單元對於大部分人而言，或許覺得像小孩子玩的拼拼看，可是我希望大家從遊戲中領悟如何循序漸進地把答案找出來，而不是憑著直覺把雷同的圖片放在一起瞎猜，毫無章法！

因為如果要解決的圖片多達幾十片、幾百片，甚至幾千片時，你怎麼可能憑著單純的目視和直覺就找出答案呢!?所以，藉由簡單問題找出解決的邏輯和方法的過程，你的數學腦潛力才能被逐步開發！

不多說，現在就趕緊仔細想一想，左圖的「大腦動一動」各有多少組答案？

大腦動一動

利用從編號1到12的不同形狀的圖案，在只能選三個的條件下，想要拼出跟下面A圖一樣大的大方框，有多少種組合呢？如果要選四個圖案，拼出跟下面B圖一樣大的大方框，又有哪些組合呢？

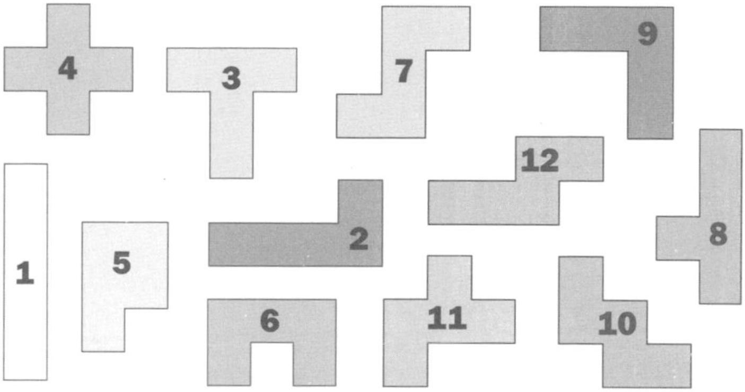

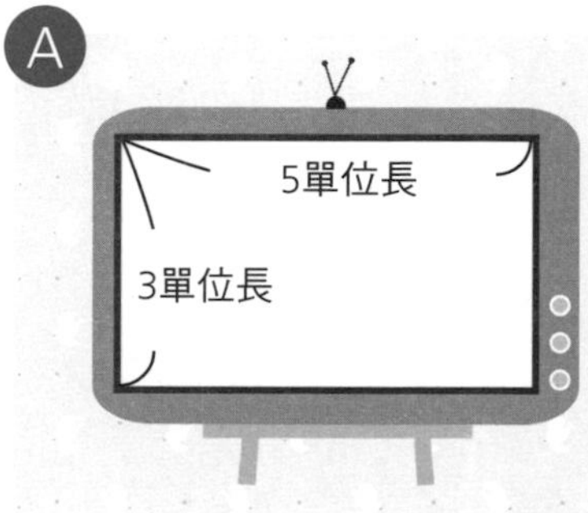

(2， ，) (， ，)
(， ，) (， ，)
(， ，) (， ，)

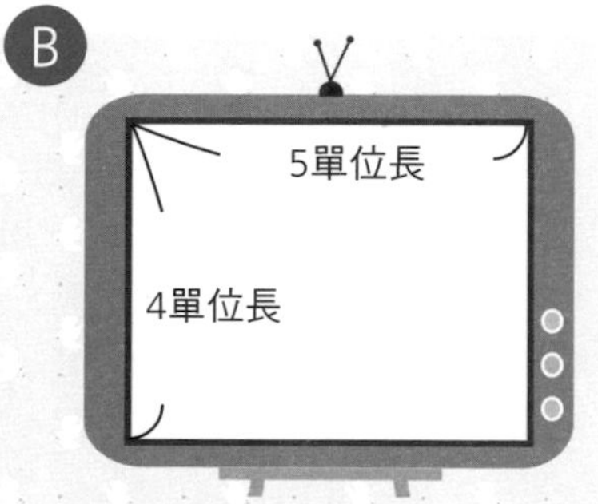

(， ， ，) (， ， ，)
(， ， ，) (， ， ，)
(， ， ，) (， ， ，)
(， ， ，) (， ， ，)
(， ， ，) (， ， ，)

◆想找到「失落的一角」，從分類開始

在「大腦動一動」中，你如何開始找出答案的第一步？是隨機亂找、有計畫性的尋找，還是先觀察再判斷？事實上，這個練習並不如想像中簡單，要找出所有的答案，要花一些功夫和時間。因此，先讓我們試試另一個比較簡單的練習。

左圖的題目中，同樣希望藉由不同的圖案組合成一個大方塊，而題目設定了三個條件，第一個是「從編號1到8、不同形狀的五方塊」，第二點是「只能選三個」，第三點是「圖片中的物品要正確」。

尋找A到F的照片過程中可以發現，每個方框缺少的圖片有各自不同的形狀和圖案，如果要同時思考形狀和圖案，很容易手忙腳亂，然而若能先從某一個項目，比如「形狀」（如第七十二頁表格），先將圖片簡單分類，就能讓解題的過程簡單些。

我們可以發現從A到F的方框，各自都缺了一張圖，請在散落的圖片中，找出每個方框缺少的圖片。要記住，不但圖形要符合，圖片的形狀也要跟方框缺少的部分完全符合喔！

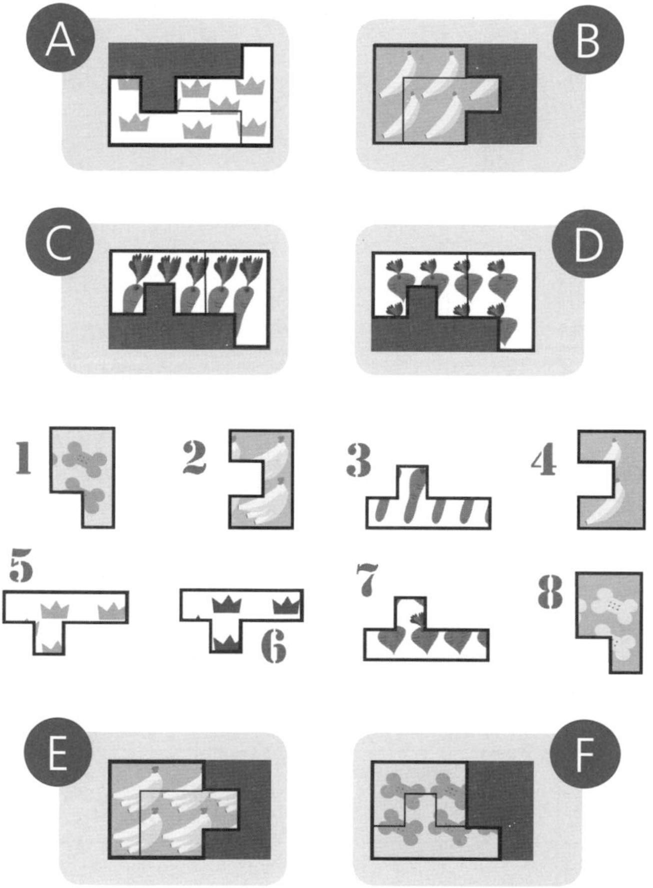

這道理就如同我們在擬定企畫案、營運計畫，或是設定客戶拜訪名單時，如果能先找出一個軸心，再依此軸心思考配套的計畫方針，就能讓整體計畫一步步的呈現出最完美的樣貌。

◆從過往經驗中，找到提升效率的方法

在職場中，每個人都或多或少需要同時處理各種不同的事情，碰到這些狀況，

先找出A到F各自可能對應的方塊編號。

圖形	形狀	可能編號
A		3、5、6、7
B		2、4
C		3、5、6、7
D		3、5、6、7
E		2、4
F		8

有沒有效率就能彰顯出一個人的能力。

要講求效率，必須要先瞭解問題核心、發生問題的原因，以及解決問題的目的等，而不光只是急著處理。若每遇到繁瑣的工作，只是急著完成，沒有好好思考其中的問題和條理，很可能只有疲累和煩亂，等到下回問題重複出現，你仍然依樣畫葫蘆，沒有從每一次的經驗中思索出最好的方法，週而復始之下，只會讓你成為有效率的絕緣體！

經過前面的圖形練習和分類後，你會發現經由形狀的分組，就可以讓答案呼之欲出。現在讓我們回到「大腦動一動」。你有沒有想到什麼方法可以運用呢？如果你把編號1到12的圖案，稍微以鉛筆平均畫些分隔線，會發現每個圖形都可分成五個小方塊。

事實上，在思達數學的教學體系中，我們把這每五個一組的小方塊稱為「五方連塊」；而或許我們可以如第七十四頁的圖，從「不同邊長」這點做初步的處理。

將編號1～12的圖形，依不同邊長分組（可列成表格）

邊長為5方塊

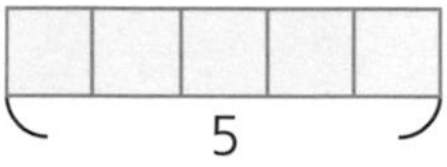

其他

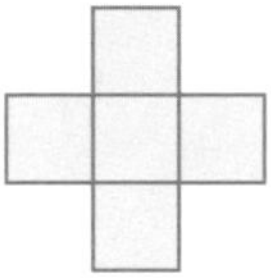

邊長為4方塊

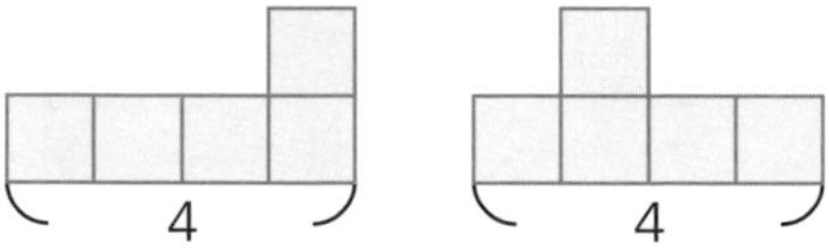

邊長為3方塊

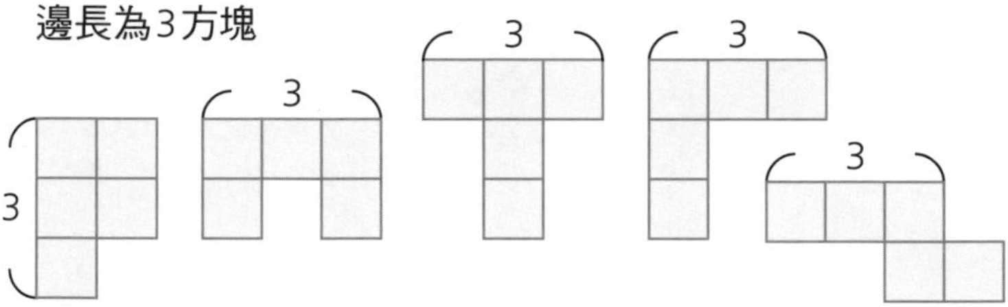

邊長為2方塊

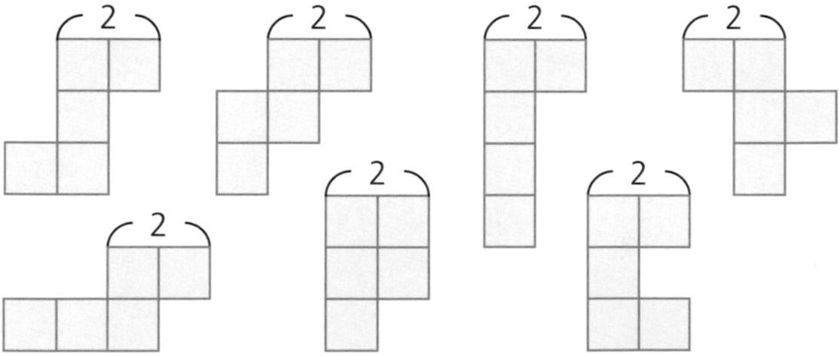

經過第七十四頁的分組後，你對自己擁有哪些方塊是不是更有概念了呢？你對該如何開始有沒有靈感呢？

再給你一個提示！你覺得自己該從邊長比較長的方塊開始嘗試，還是邊長比較小的方塊開始呢？該先找其周邊的圖片，還是先從中間的空位開始呢？

動手試試看，你才可以體會到其中的樂趣！

◆讓大腦激活的訓練過程

在教學時，我會不斷的提醒大家，解題的方法不會只有一種。也正因如此，數學腦的開啟，能夠讓我們在理解力、邏輯力等諸多方面有明顯的進步。因為在思考的過程中，你已經歷了一連串的自我推敲、檢討、評斷等的腦力訓練。

除了利用不同邊長分類，讓自己的思慮更清晰外，還有沒有其他幫助思考的方法呢？

將不同邊長分組，並從分組的邊長中找出最接近的圖形，暫且不考慮完全不當把一個五方連塊的圖形確認並定位後，再從未完成的區域找尋可能的答案。因為範圍縮小，找起答案也會更簡單了！

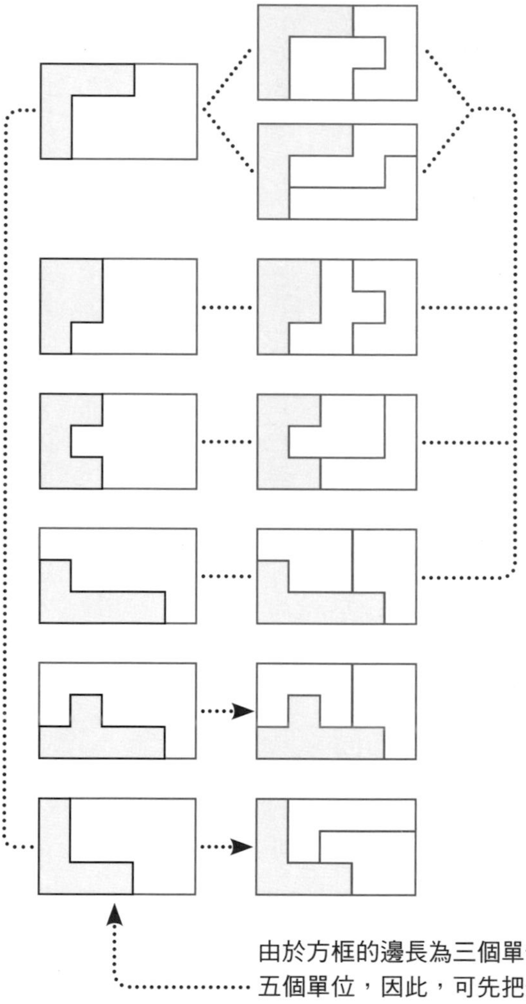

找尋剩餘的圖形時，注意不要重複。

由於方框的邊長為三個單位和五個單位，因此，可先把最符合方框邊長的圖形置入。

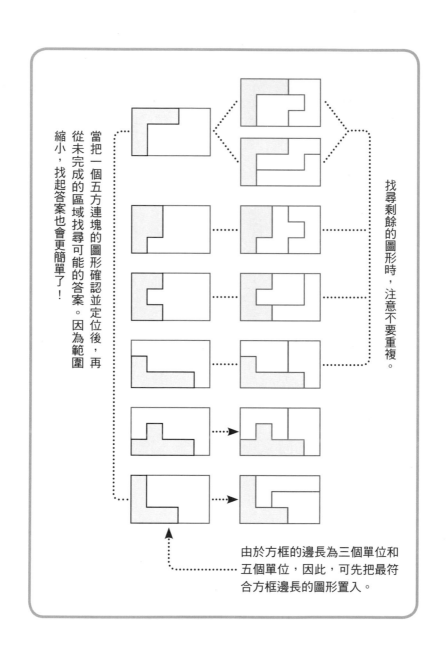

可能的圖形，是否能提升找尋正確圖形的速度呢？

試試看吧！希望第七十六頁的引導，可以讓你獲得一些啟發。

TIPS 效率提升錦囊

最好能養成記錄事情的習慣，一開始可以用雜記的方式，慢慢的改成每日的功課。此外，剛開始記錄時，可以用條列的方式，之後再慢慢的改成寫成一篇文字。藉由文字的陳述，能讓自己思考的模式可以更有條理、有邏輯。

蔬果派對大放送，你是哪隊？

在生活和職場中，最常阻礙自己前進的就是如出一轍的想法和做法。想衝破局限，首先就要擴大視野，不被制式的想法和方法所禁錮。我常對孩子們不同於成人的思考感到驚豔，他們天方夜譚式的思考模式和過程，有時雖讓我哭笑不得，卻也讓我經常反思自己是否食古不化、難以溝通。

能夠善用不同角度思考的人，不但充滿好奇心、比較容易發現解決問題的方法，也能加速處理事情的速度並發現新事物。這個單元便是希望能喚醒潛藏在你腦中的創造力，引導你多以不同的面向思考並組織問題。首先，就讓我們從各種香甜好吃的蔬果派對開始吧！

大腦動一動

將以下圖案依你想到的標準區分成不同的組別，並標明各組別有哪些蔬果與數量。

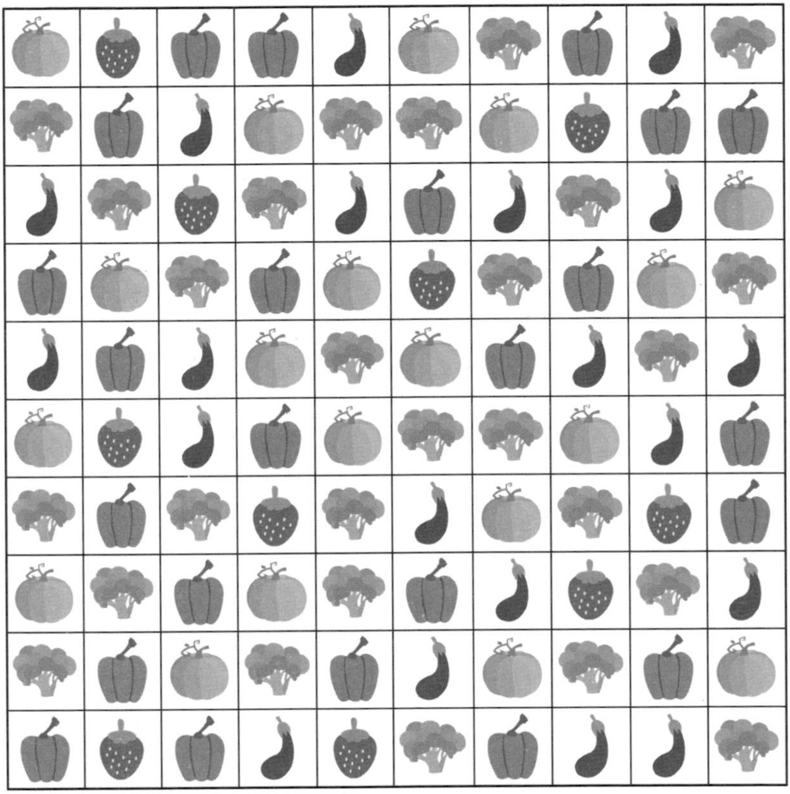

	分類原則	種類	數量
第1組			
第2組			
第3組			

◆不只一種解答，修正對數學的誤解

在「大腦動一動」中，你找出了哪幾種分法？最顯而易見的方法可能是蔬菜、水果的分類；若是以不同的果實形狀分組，例如圓形、長條形等，是不是也可以呢？

不同的分類方法，都有其各自成立的理由，沒有哪種分類法是對的、哪種分類法是錯誤的。比較重要的，反而是你在分類的過程中，有沒有激發出不同的想像力，同時瞭解自己是以哪一點為依據做出這些分類。

以「大腦動一動」的練習來看，除了能以形狀、食用法畫分成不同組別外，有些人或許想到還能以「根莖類」以及「葉菜類」為分組的依據，還有的人則想到可以將「喜歡的」以及「不喜歡的」作為區分條件。一旦你以過人的想像力和洞察力來分類，就能產生各種不同的可能性。

例如一個行銷人員，若能從產品中找出自家產品與眾不同之處，就能想出讓人耳目一新的行銷方法；商品開發人員若能有不同的眼光和觀點，就有機會找出當紅暢銷的新產品。

總之，在接下來的數學腦養成中，我希望帶給大家的觀念就是，很多問題的解決方式都不只有一種，不要再被以往學校的制式教育所局限，一旦沒有公式或工具就不知如何解題，而要藉由個人本身的能力和認知，激盪出更多的想法和創意，這也是我們必須喚醒沉睡已久的數學腦的主因！

事實上，數學腦的應用擴及我

藉由簡單的分類遊戲訓練想像力

✽以形狀分類

分類法	品項
圓形	
長條形	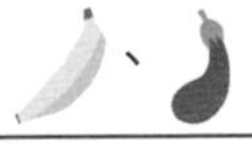
其他	

✽以種類分類

分類法	品項
蔬菜	
水果	
其他	

（繼續思考是否有其他的分類法）

們生活周遭。例如整理家裡的冰箱食材時，每個人就可以依自己的習慣做些分類，如分成生鮮類、蔬果類、熟食類，這樣一來，烹調食物時，就可以馬上取用需要的食材；又或者可以依保存期限分類冰箱內的食物和食材，避免因為沒注意而使食物過期。

總之，數學腦的養成對你的幫助絕對是全面的，相對的，若光有數學的知識而沒有數學的能力，或許擁有良好的學科成績，日後在職場和生活上的應用卻不見得能夠得心應手！

◆大膽假設，小心求證，激發最大的創造力

前面的單元中，我們提到一種常被運用在潛力開發上的教具，叫做「五方連塊」。簡單來看，五方連塊就是五個正立方體，這些方塊可以拿來做什麼用呢？其中一個用途是可以拿來拼形狀，訓練我們的敏感度和創造力、想像力。

如果你的手邊沒有五方連塊，拿類似的東西充當也可以，例如骰子、小紙

五方連塊的不同排法

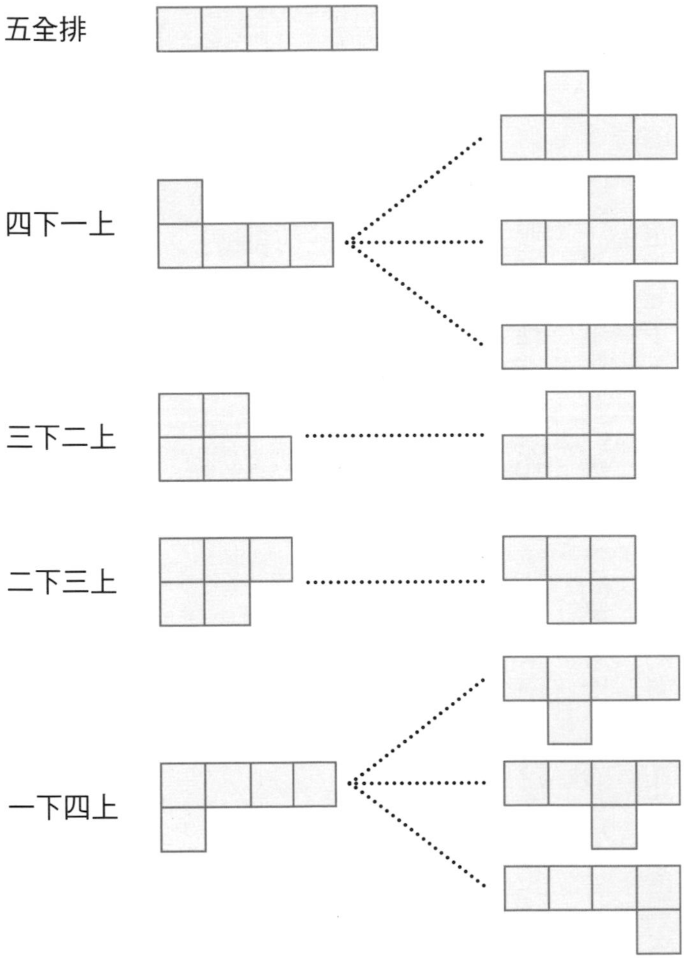

盒、積木等。

在蔬果派對的練習中，我們將不同的蔬果區分出各種不一樣的組別，在這個練習中，看看你能將五個正方形排出幾種不同的形狀？記得，不能有重複的圖形！（參考第八十三頁圖）

◆利用目測和聯想訓練敏感度

經過五方連塊的練習後，你應該對五個方形所能形成的組合和圖形有更清楚的瞭解，也能體會到若不仔細觀察，很容易把一樣的東西看成不一樣，或把一樣的東西看成不一樣。

當然，若是小誤解則無傷大雅，但若在公事或正事常出現混淆不清的狀況，就不見得沒問題了！所以，平時就該好好練習自己的敏感度，不要被一時的不察所影響；造成尷尬的狀況也就算了，若是影響主管對你的考績評比，可就划不來了！

利用目測看出答案

左圖向左旋轉90度後，會成為右邊的哪個圖形？
請將答案填入空格中。

A（　）
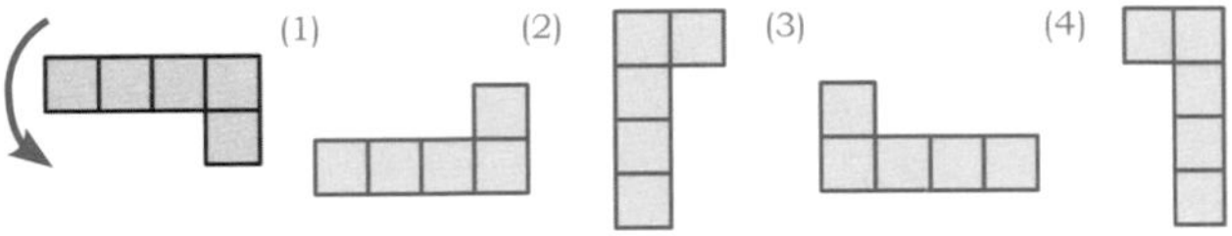

B（　）
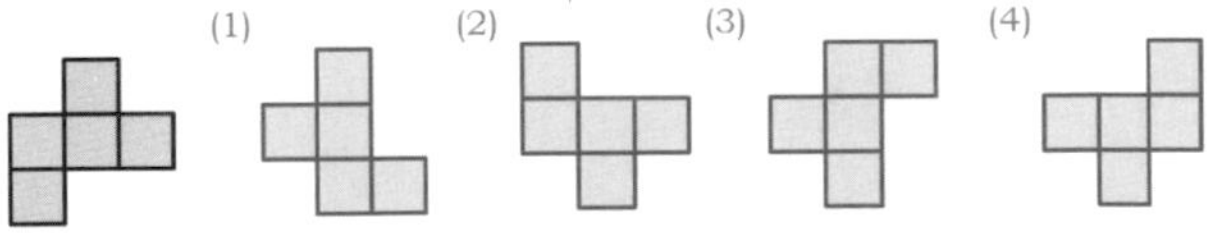

C（　）
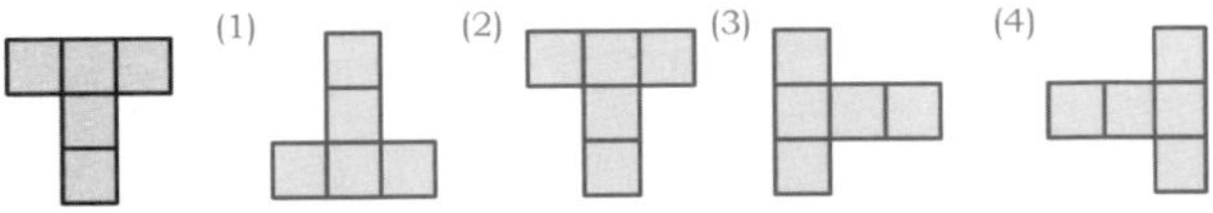

D（　）
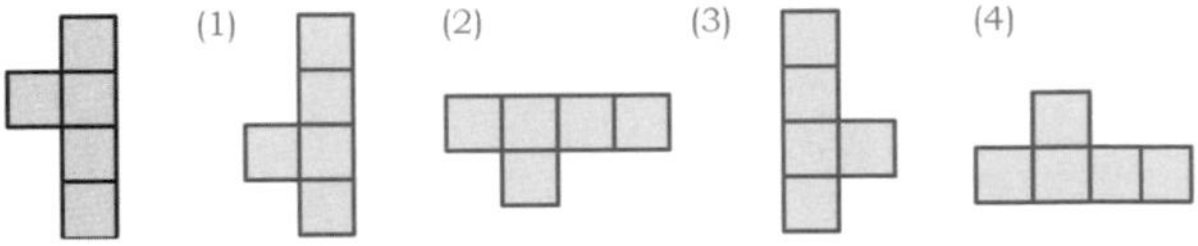

E（　）
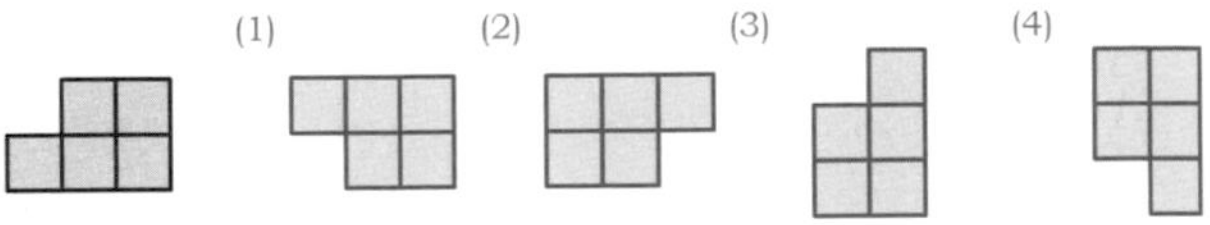

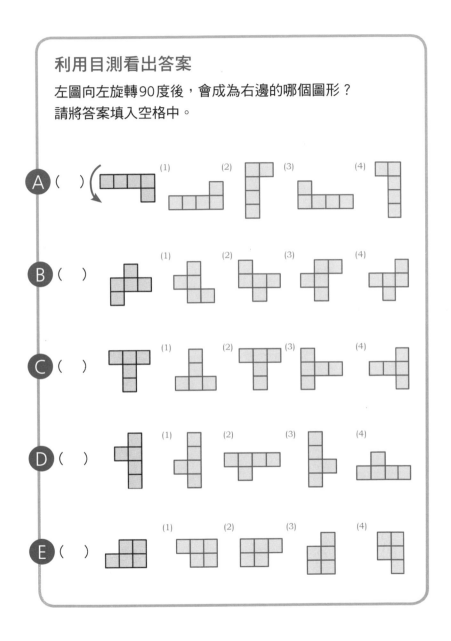

接下來就試試看在目測的狀況下，你能不能看出第八十五頁的圖形各自是哪些圖案？

要注意的是，有些圖形在尋找適合對應的圖案時，可能會覺得有些瓶頸，這時你要試試在前面的練習中曾提到的，將其翻轉不同的面，很可能就找到答案了。

找答案和方法時，一定要讓自己多些想像。如

五方塊進階練習

下面的表格，在不旋轉的情況下，可以找到幾個 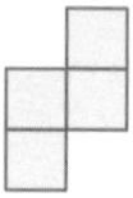 ？

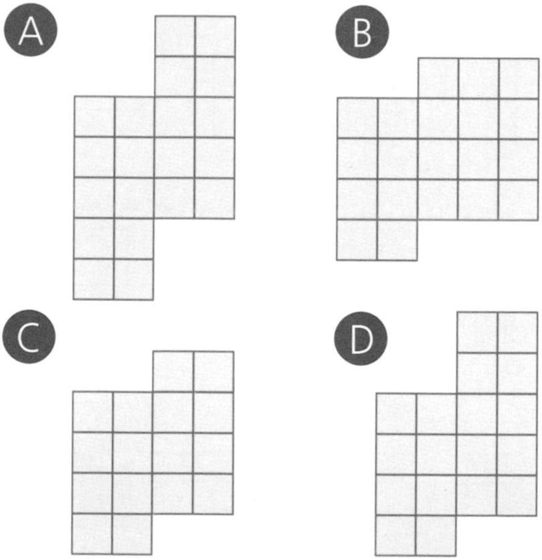

果光憑目測的方法實在難以找到答案，就先將圖樣畫在紙張上剪下，以實際的操作確認答案。

幾次練習熟練後，你可以再試試第八十六頁的練習，看看自己是否能經由目測便可快速的直接看出圖案中包含了幾張圖片。當敏感度提升後，你的直覺反應也會同時被加強，在執行任何工作時，會更有效率並更容易感受到自己的盲點在哪裡。

TIPS 效率提升**錦囊**

料理菜餚是個非常好發揮創意的方式，找個輕鬆的假日，試著在廚房利用雞蛋變出三種不同的菜餚，說不定你會發現自己還滿有廚藝天分喔！

3D立體空間，你在哪一邊？

跟大家一起出門，常會事先告知大家自己是個路痴，沒辦法帶路？跟朋友相約，常會因為沒有方向感而找不到地點或者等錯地方？想要買房、租房，卻看不懂對方提供的平面圖……？

有太多場合和狀況需要對空間與方向有些許的理解和敏感度，然而很多人卻沒有正視這個問題。我滿有空間感和方向感，好處在哪裡呢？布置新家時，我可以很快的算出客廳的地磚需要多少塊？跟朋友相約碰面時，我可以準確的說出自己的位置。培養出這些能力絕對可以讓效率倍增，而且跟數學腦緊密相關，千萬別再以為數學只是一堆煩人的數字！

大腦動一動

請分別依正視、左視、右視、後視、俯視等不同方向拆解A、B、C圖形的平面圖，並將它畫出來。

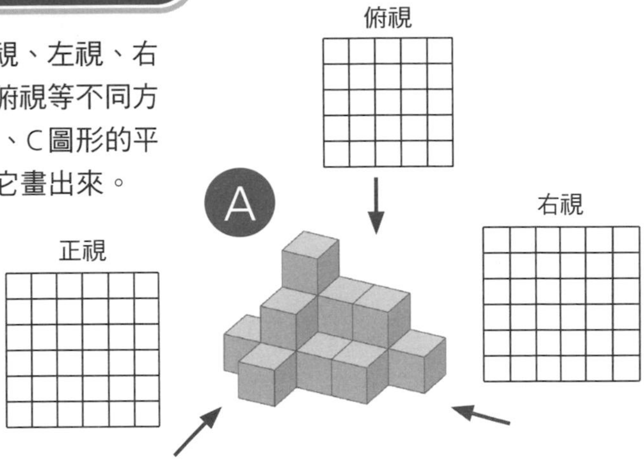

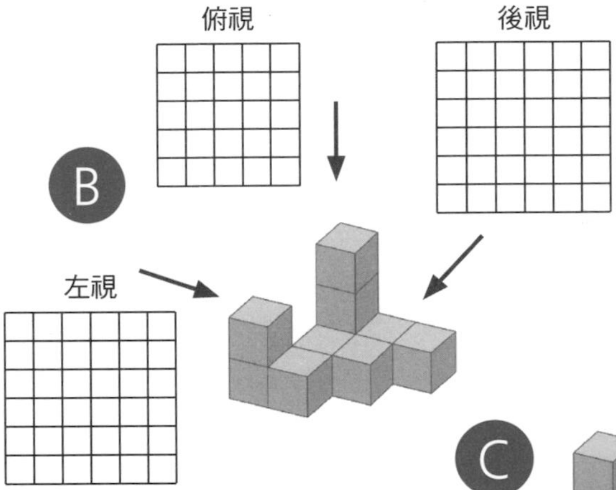

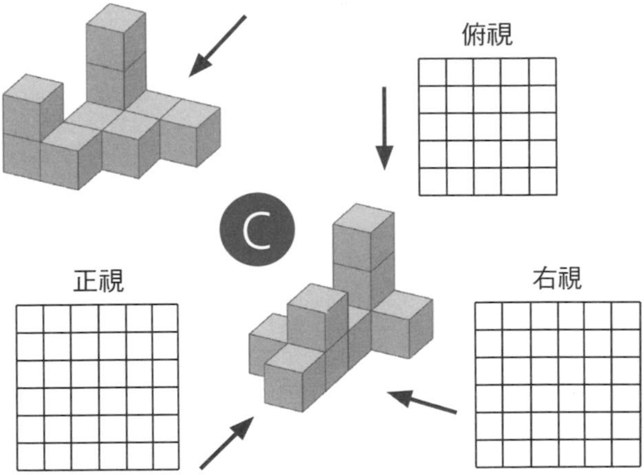

◆大腦不用會生鏽，把拆紙盒當成基礎練習

把一堆立體圖形拆解成平面圖，對你來說，是不是有種「一個頭兩個大」的感覺？

在科技越來越發達的今天，我們可以運用電腦的３Ｄ繪圖做各種空間的透視和設計，甚至想要畫出很炫的結構圖都沒有問題，還可以藉由軟體讓建築物左翻、右翻、以順時針翻轉、逆時針翻轉，好好的看清楚空間中的每個細節。

不過即便電腦可以做到這些高難度指令，我們卻不能因此過度使用電腦，否則在無形中造成的依賴心，只會讓你的敏感度越來越低。曾經有個研究發現，開計程車的司機跟開公車的司機相較，比較不容易有老年痴呆症。為什麼呢？

因為計程車司機必須因為不同乘客的需求而尋找不同的路線、行駛到不同的目的地，但公車司機行駛的卻都是相同的路徑和地點。他們的差別就在於大腦的使用狀況和運用。當然，這個實驗結果只是單純的比較這兩個相近工作的差異，

並未把個人的特質與其他因素考慮進去。

然而，不論如何，這個實驗都是想要告訴大家，要不時的刺激大腦並運用它有多麼重要，尤其是在這個科技越來越發達、電腦也越來越普及的時代。

至於「大腦動一動」的練習題並不是要你將圖形畫出如電腦繪圖般的精細，只是要做出一個平面展開圖。事實上，在日常生活中，很容易看到一些立體的盒子，你曾經想過這些盒子是怎麼組成的嗎？

因此，在做這個練習前，若你覺得自己對於從立體圖形到平面圖形沒有任何概念，或許可以先將一個紙盒拆開試試看，

紙盒拆解圖

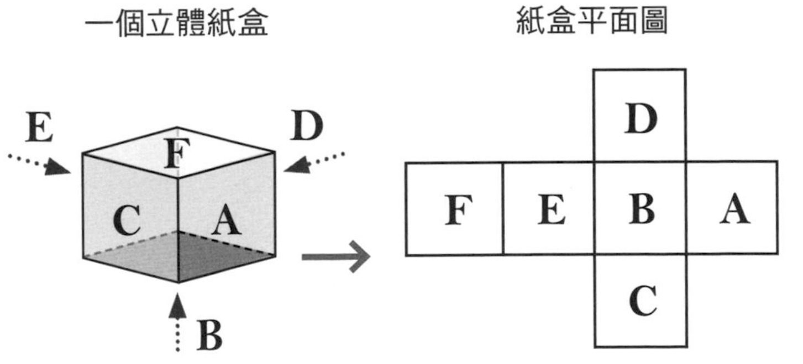

觀察一下平面的紙張如何成為立體的盒子。相信經過紙盒的拆解以及接下來的解說和比較簡單的練習後，你便可以比較輕鬆上手了！

◆增加透視力的敏感度，從當前的位置設想角度

拆解紙盒並瞭解它如何由平面構成立體的圖形後，試試當自己在不同的方向時，是看到紙盒的哪一面？首先，我先解釋一下「大腦動一動」中提到的左視圖、右視圖、正視圖、後視圖，以及俯視圖各是什麼含意。

◆左視圖：從左側看到的圖形面積。

◆右視圖：從右側看到的圖形面積。

◆正視圖：從正面看到的圖形面積。

◆後視圖：從後面看到的圖形面積。

◆俯視圖：從上面看到的圖形面積。

從不同方向觀察不同立方體所看到的部分

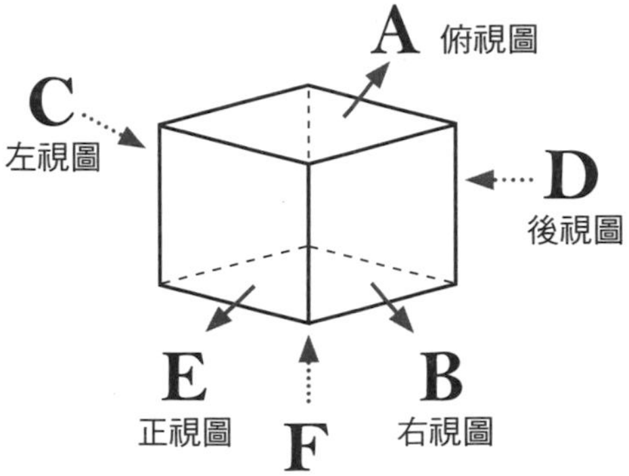

- ◆ 俯視圖→ A
- ◆ 右視圖→ B
- ◆ 左視圖→ C
- ◆ 後視圖→ D
- ◆ 正視圖→ E

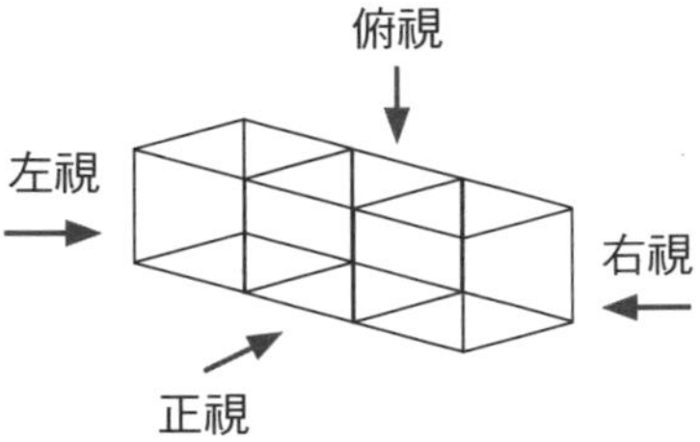

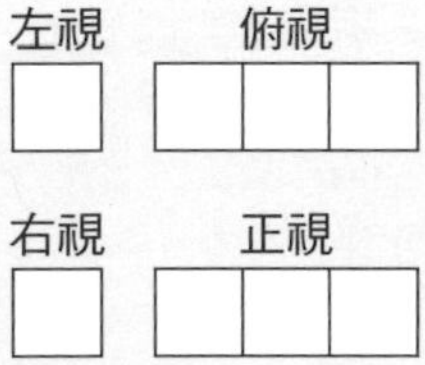

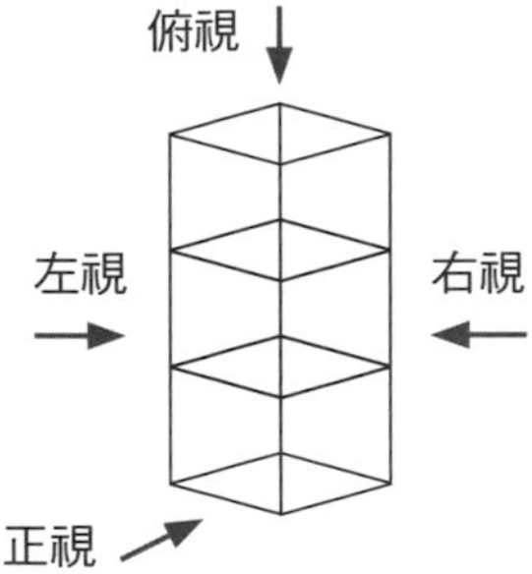

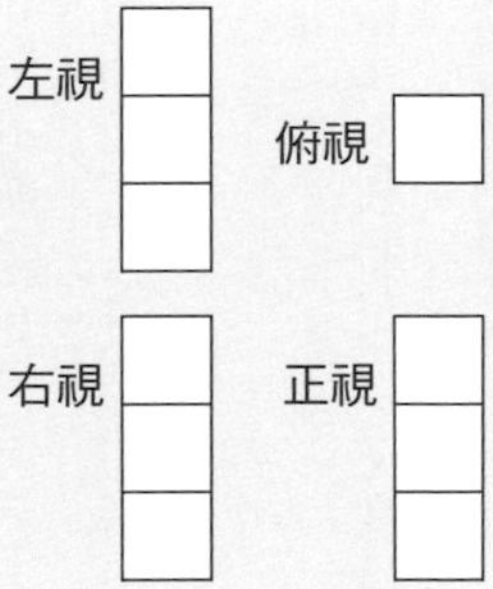

每個人對於不同的方向會有不同的盲點，例如我會覺得俯視圖最好判別，而有些人或許覺得正視圖最好確認。事實上，不管哪一個方向，判別這類圖形，首要注意的就是「去蕪存菁」。這是什麼意思呢？

當你從某一個方向觀察圖形時，要想像自己的位置能看到的面積，千萬不要被藏在圖形後的方塊干擾，因為你要觀察的，就是從當前位置能看到的圖形，並不包括你看不到的部分。

甚至你可以拿一些立體的物件來實驗，例如一隻玩具鴨，當站在它的正面時，你看到的可能是它的嘴和前腹；在後面時，你看到的則是微翹的小尾巴和後腹部；從左面看是它左邊的翅膀和左半邊身體；從右面看則是它右邊的翅膀和左半邊身體。

熟悉實物的練習後，接著就可以進行平面的練習。首先，我們可以從數量比較少的正立方體觀察，問問自己在不同的方向時，可以看到哪些面？

請畫出以下圖形的俯視圖、後視圖以及左視圖

A

初級「品」字練習

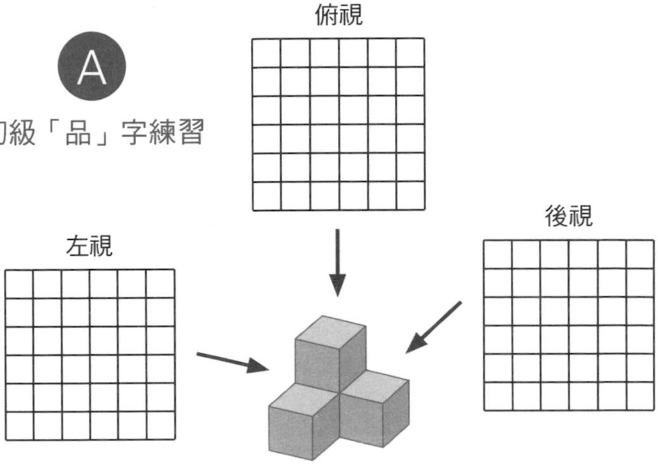

B

中級「品」字練習

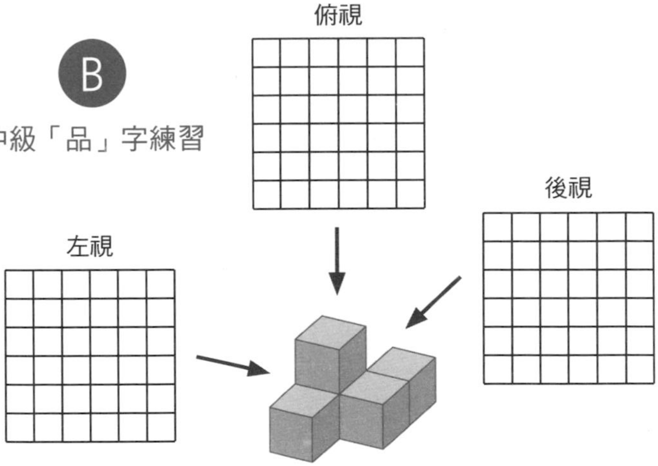

◆不要鑽牛角尖，相信雙眼看到的畫面

在訓練空間感的練習中，根據經驗，若是沒有高低差排列的圖形，大部分人都不容易弄錯。但是當圖形為高低差排列，也就是類似「品」字形的排列時，就很容易讓人產生疑惑而弄錯正確的分布位置。

練習時，除了前面提到的「去蕪存菁」要點外，另外一個要點就是「心無旁騖」。由於立方體都會有很多面，不管你在圖形的哪一面觀察，都不要被其他面干擾，要專心一意的看著眼前有哪些面，千萬不要鑽牛角尖，否則就很容易做出錯誤的決定！

基本上，除了訓練空間感和方向感外，這個單元的練習也非常適合訓練視力專注度。因為只要定睛看清自己前面的那一面，不要被餘光干擾，幾次的練習後，你便會發現有很大的進步。

為了增加自信心，開始「大腦動一動」的練習前，你可以先試試第九十五頁

比較簡單的「品」字形排列圖形。照著先前的提示一步步進行，你會發現這單元的練習其實不難，而且很有趣。

經過這樣一連串的空間與方向感的腦力激盪後，相信你對於實際生活的環境與地理位置也會更有概念。

TIPS 效率提升錦囊

每天出門時，觀察跟自己相遇的前三個交談者的容貌、衣著等外在，晚上休息前，憑記憶將這三個人的特徵寫出來，藉此慢慢磨練自己的記憶力和觀察力。

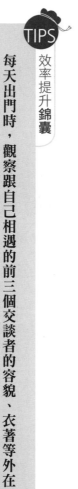

美美種花，怎麼種最漂亮？

不論在職場或日常生活中，每個人總希望自己有三頭六臂可以同時處理各種不同的事情。以我來說，平時除了教學工作、課程安排外，還要把家裡安頓好，尤其一到週末孩子回來，更要安排一週一次的親子活動，到郊外走走、看看展覽等。

希望兼顧所有的事情又要盡量做到完美，除了要有體力，更要有良好的時間管理，以及讓一切安排妥當的邏輯力、隨時保持警戒的觀察力等。

這個單元的種花遊戲便是想藉由簡單的訓練，讓大家養成能夠「眼觀四面，耳聽八方」的觀察力和應對力，現在就讓我們趕緊試試看吧！

大腦動一動

在這64格的方格中，要放入36朵花，而每一直排和橫排都有各自的限制數量。請依照規定，將36朵花放入正確的方格中。

36朵

2								
3								
7								
6								
4								
8								
5								
1								
	2	8	6	4	5	7	3	1

◆以後天的努力強化觀察力

有些人天生反應靈敏，做什麼事都比別人快又有效率，主管交辦的事情總是能如期甚至提前完成，遇到提案討論時，更能舉一反三，讓大家讚許連連！

不過有這樣得天獨厚、聰明伶俐的人，卻有更多反應比較慢一點的人。為了能跟那些少數天資聰穎的人一較長短，成為主管心中的當紅炸子雞，只能更加努力！因為連被視為天才的愛迪生都曾表示，「天才是百分之九十九的努力，加上百分之一的天分。」

而一個觀察力好的人，除了能隨時汲取各種知識，在學習進展上也比較容易事半功倍，應對上也更有自信與效率。因此，從生活與職場的各種應對進退中學習、多增加人際間的互動，都能有效改善自己的觀察力。

此外，下圍棋、下象棋等活動也有類似的效果，甚至電動玩具中最基本的打飛機遊戲，對於訓練反應力都有些許的幫助。

請在以下不同數量的方格中，填入題目要求的花朵數量。
切記！要符合各題中對直排與橫排的花朵數量限制。

6朵

2			
1			
3			
	3	1	2

15朵

3					
5					
6					
4					
2					
	2	4	6	5	3

21朵

1						
3						
5						
6						
4						
2						
	2	4	6	5	3	1

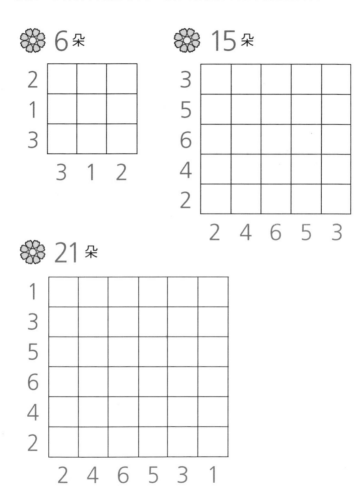

本單元的「大腦動一動」練習，就是希望讓你在必須兼顧各方條件的限制下，能夠找到盡速完成答案的方法！

當然，這需要慢慢的練習和嘗試。不過，六十四格的範圍對於初次嘗試的你來說，或許覺得有難度，因此你可以從比較小的範圍甚至九宮格開始練習。

◆以「經」為要、「緯」為輔的要點

第一〇一頁的九宮格練習，對你來說是否像「小菜一碟」!?但是進行到二十五格和三十六格的測驗時，又有點卡關的感覺呢？

不管有沒有順利找到答案，思考一下自己在尋找答案的過程中，是如何進行的？是隨機的找尋答案，錯了以後再重來，還是有一定的規律呢？

這類練習必須同時滿足直排和橫排的需求，而且進行時，還必須不時的確認目前的解答是否不符合前面已經完成的部分，如果不對，就必須再重新考慮，因此你很可能會遇到一邊往前行，又要一邊回頭確認的狀況。

這種狀況跟職場的景況不是非常雷同嗎？不管是做年度計畫、市場營業額預算，或者是客戶業績評量……，在往前衝刺的同時，也必須不斷的參考之前的數值，做出最好的調整。

只是在做那些計畫時，很明確的是以今年度和未來年度的需求為主軸，而之前的經驗則為輔助的參考值。然而在做這類的練習時，在兩方需求必須同時並重的狀況下，又該如何分配輕重呢？

其實，道理是一樣的！面對直排與橫排的雙方條件需求，一樣要以直排與橫排的其中一項為主要考量點，然後再參照另一項需要的條件，一一完成答案（參照第一〇四頁圖）。總之在尋找答案時，要同時考量兩方的要求，只是有前後時間之差。

這就好像衛星導航一般，要準確的知道定位點，一定要同時有經緯度的位置，缺一不可。只是在確認時，或許你可先將經度確認，再加上緯度的位置，就可找出正確的目標了！

先以直排為考量之圖（以36格為例）

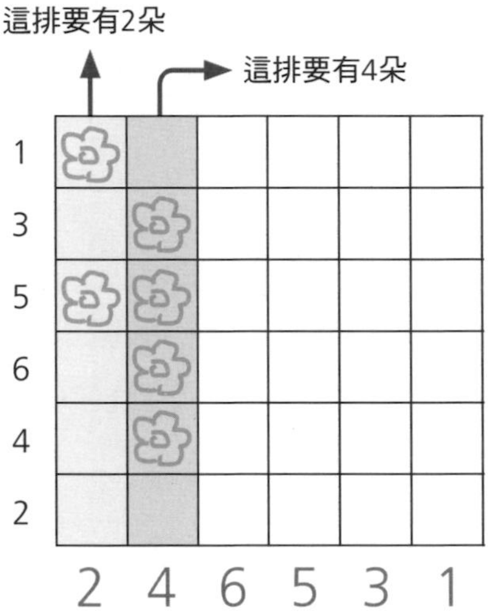

先以橫排為考量之圖（以36格為例）

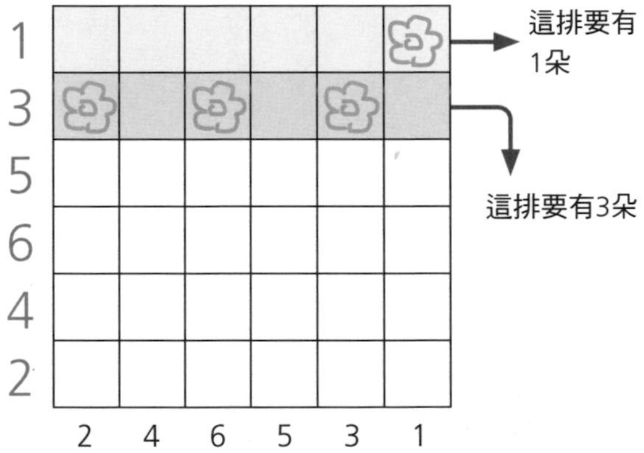

◆該「由小到大」還是「由大到小」開始？

即便知道以經緯度的概念尋找答案，不過，當格數多達六十四格時，該從哪一格開始處理呢？在數學腦的概念裡，沒有什麼方法一定是對或錯，重要的是，你有沒有找到對自己而言最有效的方法！

假設我們從橫排中所需朵數最小的「1」開始進行，會是什麼樣的結果呢？或許你可以試試看！你會發現，剛開始應該非常的順利，但是進行到橫排數字「8」時，或許便會發現問題。這時候該如何繼續進行下去，就要看你如何找出其中的問題並解決囉！

除了依照由小到大的順序找答案外，另一個大部分人會應用的方法就是從最多花朵數量的橫排或直排開始。同樣的，剛開始你可能會覺得很順利，可是過程中也會遇到遲疑的狀況，如何度過這個關卡，就看你的思維了！

或許你會想要問，到底由大到小比較容易找出答案，還是由小到大比較容易

由小到大的試試看

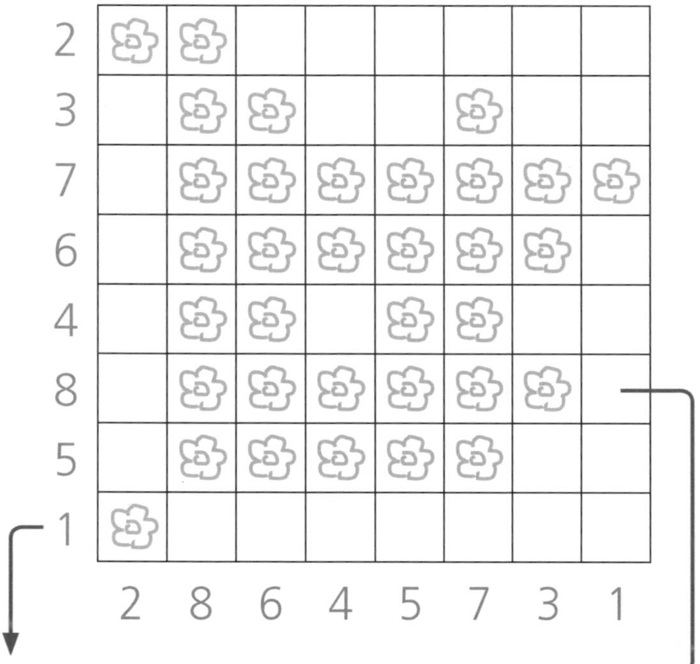

從橫排中，需求數
最小的開始。

出現瓶頸！若把另外兩個空格填滿，就不符合直排2和直排1的花朵數限制，該如何繼續下去？請好好思考！

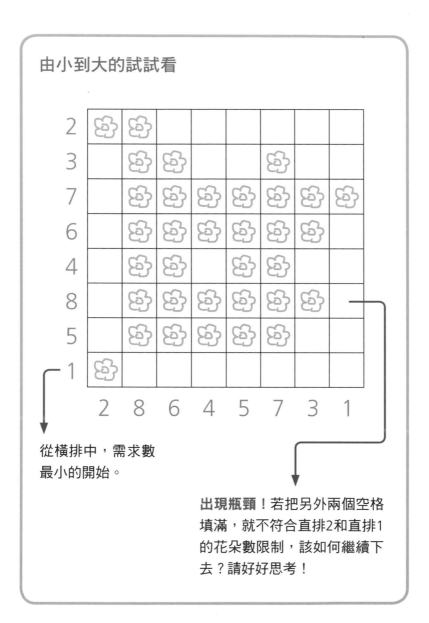

由大到小的試試看

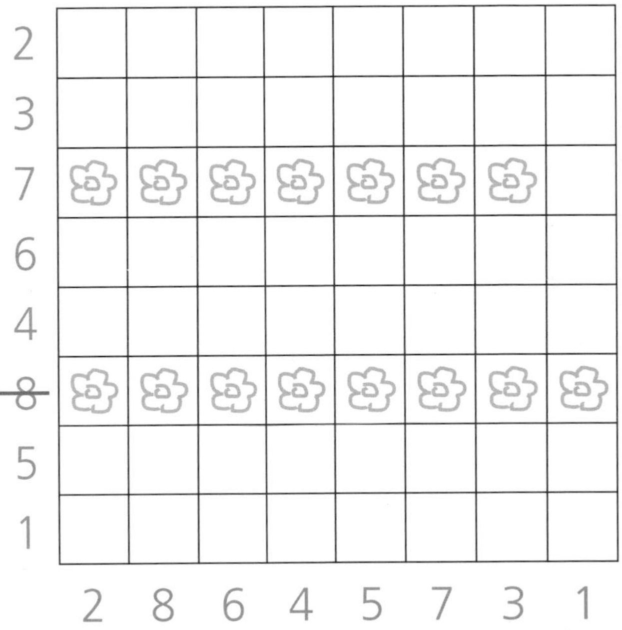

從橫排中，需求數最大的開始。請自己試試接下來的步驟。

呢？其實「因人而易」。

重要的是，當你遇到瓶頸時，能不能順利的找到解決方法，或是另尋途徑找到解答！這類藉由觀察思考後，再做出適當調整並下決定的遊戲，非常適合磨練職場工作者的耐心、細心，以及應變力。

當你遇到工作上的不順遂，想想自己在整個過程中是否沒有思考周全，才造成目前的景況？想想是不是還有其他的可行方法？更要仔細反省在整個事件中，自己的不足之處。只有經過這樣對自我的審慎評估，才有機會讓自己盡快擺脫枷鎖，獲得更多的成長！

TIPS 效率提升錦囊

如果你是通勤族，搭捷運或公車上班，每天都提前兩站下車，以步行的方式走不同的路前往公司。一方面看看不同路徑的景色，一方面也訓練自己對不熟悉事物的應變力。

PART 4

數學腦零極限之**分析訓練**

向左走，向右走，誰的家最遠？

在職場中，如果你屬於後知後覺，甚至不知不覺的那類人，那可千萬要留心了！你不但難以成為老闆心中的接班人選，更有可能在不知不覺中得罪一堆人都不知道。

要有很好的直覺，就要先有良好的感知力，才能推敲各種可能的狀況。而想具有靈敏的感知力，就要不時的練習和訓練「七覺」，藉此慢慢建立良好的邏輯力和判斷力。這樣一來，無形中就強化了直覺和敏感度。

這個單元就是希望藉由一些簡單的練習，讓你的直覺能夠越來越敏銳。

大腦動一動

上下兩圖的A點到B點都各有三條路徑，請以目測方式判斷哪一條路的距離最遠？

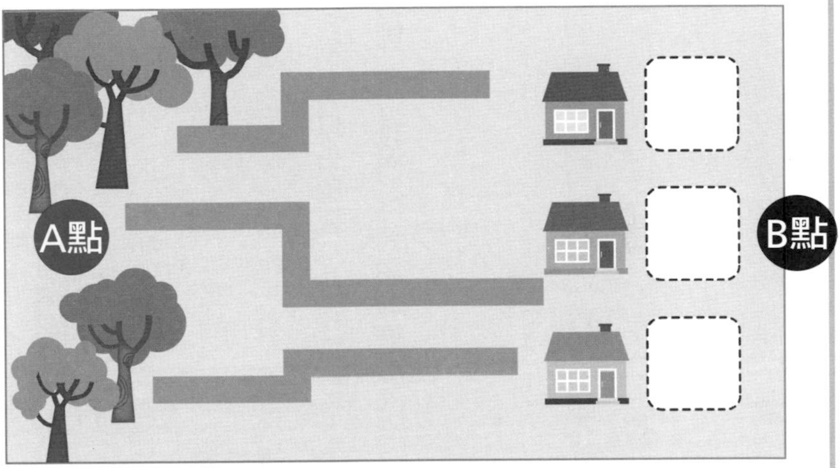

◆感受度不同造成的錯誤判斷

你是否曾有過以下的經驗：原本以為從甲地到乙地，行駛某一條路線比較近，結果汽車里程數所顯示的紀錄卻比另一條路的距離更長；看到出太陽了，以為天氣好轉、溫度提升，一走出戶外，卻發現氣溫比之前還低。而之所以造成判斷錯誤，便是我們先以「感覺」為判斷標準。

以開車為例，當我們行駛在羊腸小徑上，彎來繞去的路況很可能會覺得非常遠，相對的，若開在筆直的公路上，就會覺得距離比較近。不過事實真的如此嗎？不一定！

開車時，若是走一般道路，一路都遇到紅綠燈，動不動就必須停車，跟行駛在快速道路上，沒有任何紅綠燈，一路暢通到底的狀況相比，在感受度來說，我們很可能會覺得快速道路的距離比較近，卻沒想到一般道路的距離可能短得多，只不過因為紅綠燈而停車所虛耗的時間，讓我們的大腦產生錯誤的認知和判斷。

再讓我們看看下面的圖，你覺得A、B、C三條線，哪條線最短呢？

你可能覺得A線是最短的距離，其實三張圖的線段長度是一樣的，只不過曲折的線讓大腦產生了錯誤判斷。但是若實際以尺測量，就可知道三條線一樣長。

這類因為感受度不同而造成判斷錯誤的狀況，非常容易發生在生活與職場中，情節輕微的，就當鬧了個笑話，無

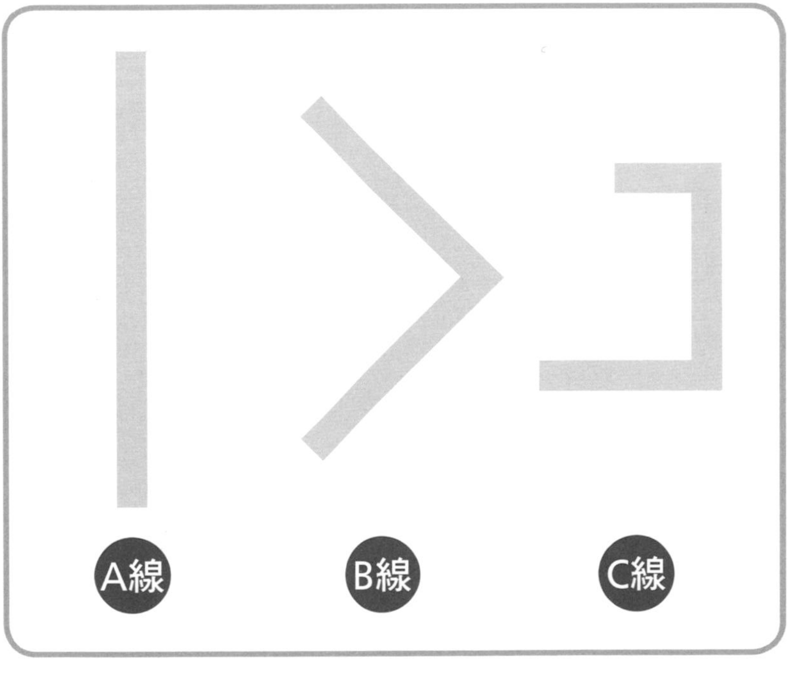

傷大雅；但是情節嚴重的，卻可能得罪他人，造成不良的人際關係，甚至就此成為別人判斷你是否有能力的標準。

◆視覺所造成的假象

「眼睛是靈魂之窗」，然而，錯誤的視覺認知也非常容易造成大腦對於訊息的錯誤解讀。在左圖中，你覺得甲、乙兩圖，同樣A點到B點，哪條線段比較長？實際測量後，你會發現兩條線其實是一樣長的。

之所以造成視覺上的錯認，是因為曲線內彎和外彎所造成的假象。這有點類似網路上所盛行利用幾何造型或圖像造成視覺誤認的遊戲。不論是利用線條的排列組合，造成畫面如水流般流動的假象，或是以同心圓的排列方法塑造出漩渦的感覺，都是因為視覺造成的錯誤認知。

事實上，視覺所造成的錯誤還不只如此，你還記得小學上自然科課程時，老師要大家利用厚紙板和牙籤做成一個簡易型的陀螺，並在厚紙板塗上紅、黃、藍三個顏色的實驗遊戲嗎？

當陀螺快速旋轉時，原本厚紙板上塗的紅、黃、藍三個顏色卻看不到了，我們所看到的卻是白色；當陀螺旋轉漸緩、慢慢地停下後，原來的三個顏色又出現了。這是怎麼回事呢？難道是魔術嗎？

當然不是！相信當時老師就已經解釋過，這種狀況是因為這三種顏色經由陀螺旋轉產生的光線折射後，造成視覺上的錯覺。

也就是說，當紅、藍、黃三個顏色

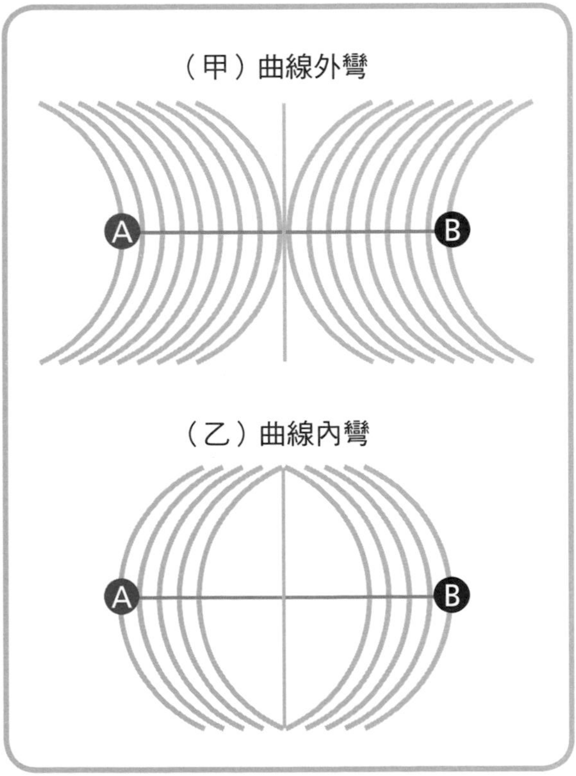

的光混和在一起後，就會形成白色的光，而讓我們誤以為原先的三色光不見了。此外，我們也可從很多藝術家的作品或者網路的測驗題中，看到這類因為顏色混合或者視覺暫留造成的視覺誤認狀況。

◆重新設定大腦的資料庫

經過前面的練習和說明，相信你可以瞭解錯誤的感知力和視覺誤認會嚴重影響大腦對事物的判斷。

在數學腦的概念中，「驗證」是很重要的一環。雖然我不斷強調過程重於結果，然而不論過程為何，最後是否獲得正確的結果也是非常重要的部分。畢竟數學屬於理性科學，一切都要有所根據並知其所以。

那麼，該如何讓大腦不被外力和環境影響，做出最正確的判斷呢？其中一個方法就是在不斷的練習與經驗中獲得驗證後，把正確的感知輸進大腦，讓大腦對於「正確」的標準越來越有概念，進而強化自己的判斷力。

以「大腦動一動」的練習來看，若想直接以雙眼所見判斷距離的長短，很容易就做出錯誤的判斷。不過，若是我們能先把三條路徑中最明顯比較短的那條路徑剔除，再仔細觀察剩下兩段線條的差異處，例如它們的彎曲距離、直線距離等細節後，再推論最遠的是哪條線。

如此一來，做出正確判斷的機會便會高出很多。經由多做幾次類似的練習後，你的直覺一定會隨著判斷力的準確度越來越高而一起提升。

TIPS 效率提升**錦囊**

沒事多做一下眼部運動，對視力的維護很有助益。你可以讓眼球上下左右的輕輕轉動，鬆弛一下眼部的肌肉，接著再合上雙眼，將雙手搓熱，輕輕的用溫熱的手掌敷在雙眼。

找找看，影子在哪裡？

想要準確辨別事物的真偽，做好最適當的處理，就要能夠以不同面向看清事物、運用不同的創意找出問題，更要有良好的彈性解決困擾。

試想，能夠快速的解決生活或工作中面對的問題和壓力，生活將有多美好！然而，很多時候並不是你不知道如何解決問題，而是被自己的「慣性」所局限，落入盲點之中。

本單元要藉由一些簡單的圖形遊戲協助你不要被「慣性」箝制，讓大腦重新活化一下！

大腦動一動

請以虛線畫出，A圖的四個三角形是如何排出B圖中六個不同圖形。

A

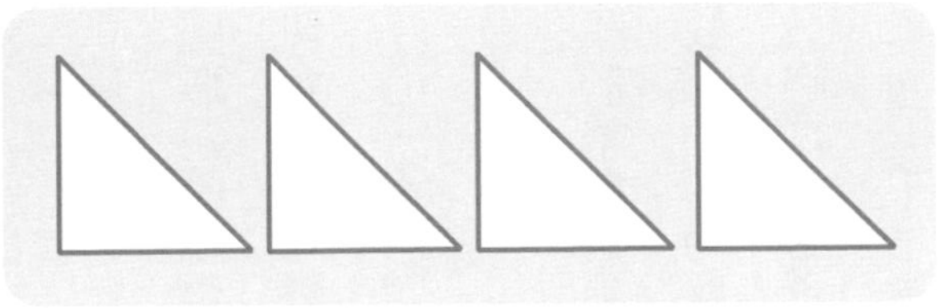

B

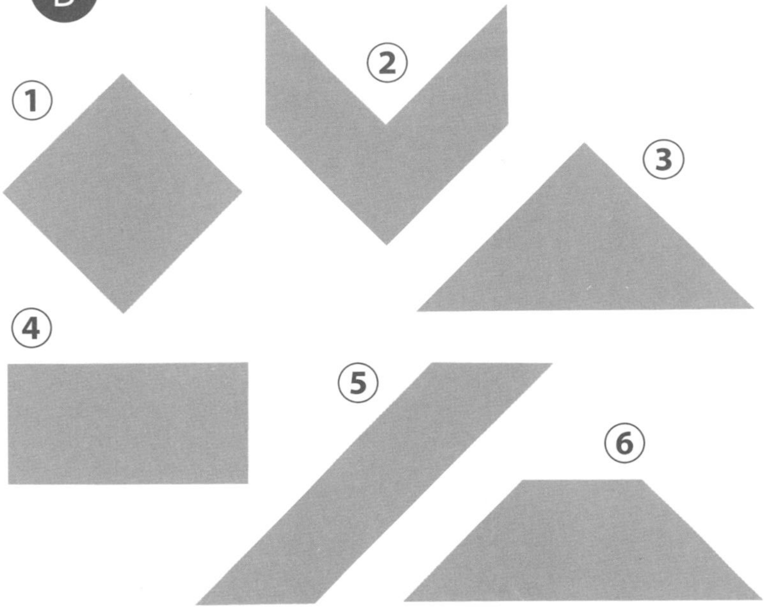

◆瞭解事物的不同面向

對大部分人來說，只要仔細觀察加上適當的輔助，很可能一秒內就可以找出「大腦動一動」的正確答案。

事實上，這種圖形遊戲就像俄羅斯方塊，一定要瞭解欠缺的是哪種圖形。不過被當成選項的方塊會不停地轉向，所以你還要看準了方向和形狀，趕緊讓方塊「歸位」。稍一不小心，沒有讓下降的方塊轉到正確的角度，或者沒有放到合適的位置，就有可能過不了關。

日常生活中，我們常會遇到各種不同的人事物，而我們習慣看到的也是這些人事物原本呈現在我們面前的樣子。然而，這樣的「慣性」是好的嗎？每個事物都有不同的面向，最起碼也有正反兩面，若只憑既定的印象思考，不但會限定大腦探索的可能性，更局限了未來可能發生的美好並陷入瓶頸。

例如左圖的三角立方體以及梯形立方體，乍看之下，兩個立方體似乎沒有

三角立方體和梯形立方體的分解圖

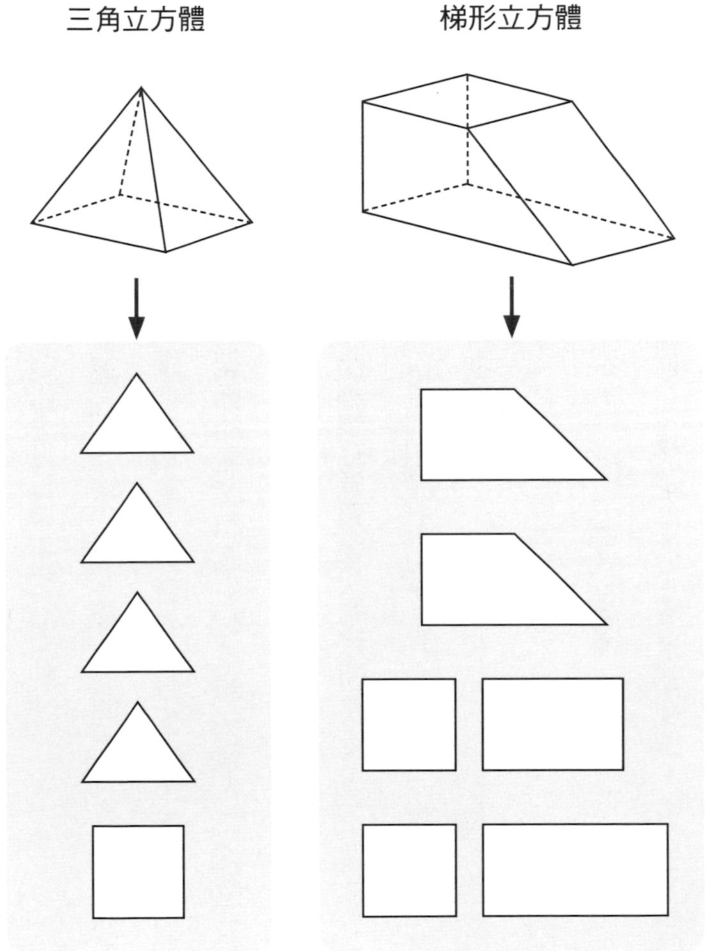

任何相似之處，可是轉到不同的方向觀察就會發現，它們同樣都具有正方形的圖形。因此，千萬記得，你眼前所見的，不見得是事物的全貌。

這道理就像我們在職場中總會遇到一些「不友善」的同事、客戶，甚至主管，若你總是以「受害者」的角色跟他們相處，只會覺得每天都不愉快；可是若你能換個角度思考，把他們當成磨練你的氣度和人生智慧的「貴人」，甚至試著找出並體會他們的優點，瞭解他們不同的面向，說不定哪一天你不但不會再討厭他們，反而會欣賞他們，甚至成為能夠相互砥礪成長的好朋友！

遇到瓶頸時，試著以不同的角度重新審視問題，你會發現，換個角度的結果，反而會讓你看到更廣闊的天空。

◆開發創意的開端

創意的重要性，光從電視、報紙、雜誌上，有越來越多讓人過目不忘的廣告，一堆團體開設跟創意相關的課程，以及書店有數不清跟創意有關的書籍，就可知道！

但是，有創意很重要，想要開發創意卻好像沒那麼簡單！否則不會每次開會提案時，每個人都腸枯思竭；討論行銷方案時，每次都玩同樣的老梗！如果你有同樣的困擾，或許可以玩玩下面的練習。

雖然只是很簡單的圖形造形遊戲，但這樣的練習卻有可能引發很多不同的創意想法，甚至開發出新產品。

例如，當音響開發公司

想想看，A圖的兩個三角形，以及B圖的兩個梯形，各自可能組成哪些圖形？

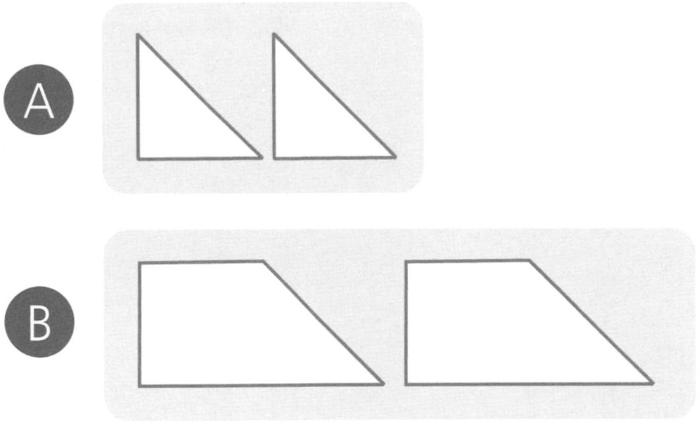

想要研發新產品時，不就可以用不同的幾何圖形組合思考新產品的樣貌嗎？激發創意的好方法，就是不要設限！進行創意發想時，先不要有任何負面和反對的言行出現，讓每個人盡其所能的發揮意見。當點子收集完成後，再進行組合篩選的步驟。

在不受限制的組合下，總能創造出更多的可能性。由於圖形不像文字有局限性，每個人都可以對同樣的圖形有各種不同的想像，因此把圖形遊戲當成創意發想的練習，會是一種很有趣又有效的方式！

◆養成有彈性的適應力

不論是轉換角度的圖形遊戲或是拼拼看的圖形組合練習，都有很重要的一個關鍵要項，就是「彈性」。如果不能彈性的運用各種角度的嘗試，找出各類不同的排列形狀，便沒辦法找到正確的答案和各種有趣的組合。

「有彈性」這件事真的非常重要！雖然這像是老生常談的話題，卻不可否認，沒有彈性的人不但在職場的適應度差，在人際關係上也容易遇到溝通不良的狀況，在很多事情的應對進退上更容易處處碰壁！

相對的，有彈性的人不但容易接受各方的意見，也不會覺得別人的想法都是錯的，只有自己是對的；遇到工作上的挫折，容易換個角度思考，反而容易度過關卡……，這樣的人不但會有更多的選擇性，而且適應力強，能夠發揮的空間也越大。

根據一項求職網的調查，企業主最在意求職者的適應力和彈性度，因為那代表了當事人是否能快速融入公司的企業文化，跟所有同事相處融洽、為公司的發展共同努力。

事實上，之所以要鍛鍊數學腦，也是為了讓我們日漸僵化的大腦能有更靈活的運作。當我們以制式想法認為數學腦的訓練就是要練習一堆數字的計算時，就是讓自己被設限在框架中。

只有當我們屏除成見，以開放的心態看待數學腦對我們的影響力，並去鍛鍊它、培養它，它所能引發的正向影響便會慢慢的展現出來。

做了上面幾個練習後，相信你會覺得這些圖形配對實在太簡單了！沒錯，它就是這麼簡單。如果你有興趣，甚至可以跟朋友相互想一些題目交換練習，藉由圖形的轉換，開通自己的數學腦！

TIPS 效率提升**錦囊**

你有沒有發現，在不同角度的光線照射下，即便同一個物體，影子的形狀也不同呢？把杯子放在不同角度的燈光照照看，簡單畫下杯子影子的不同形狀，也思考一下，為什麼會有這些不一樣？

睜大眼睛看一看，問題在哪裡？

每個人都有不同的盲點，也因為這些盲點造成我們對一些事物「視若無睹」。此外，對於生活周遭的不經意和低敏感度，也常讓我們發生某些「不該發生」的錯誤。

例如，出門時忘了把客廳的燈關掉；瓦斯上煮著滾燙的開水卻忘了關火；明明一再檢視，可是送出去的年度預算表還是少了一個零……，諸如此類的事件，相信或多或少都曾經發生在你身上，讓你懷疑自己的健忘症是不是越來越嚴重？還是提前發生了老年痴呆症的狀況？這個單元希望能協助你找回專注力和敏銳度，不再因為不必要的失誤而哀歎連連！

大腦動一動

找找看，下面的圖片中，有哪些地方不一樣？

◆最常見的眼力與腦力鍛鍊遊戲

前面的「大腦動一動」遊戲，是不是讓你覺得很熟悉呢？沒錯，在報章雜誌中常會有「大家來找碴」之類的測驗，內容大多是一些明星的活動照片，而報社編輯則把原來的照片動些手腳，要讀者找出前後兩張圖片的相異處。

這類型的遊戲，除了眼力要好，就是要細心。如果只想粗枝大葉的看過去，可能只能找到幾個「送分題」，但是關鍵的、特別隱密的相異處，很可能就會讓你大受打擊，因為在不認真又不仔細的觀察下，答案是很難找出來的！

例如左圖的兩張圖片，第一眼掃過去，你可能很快就找到非常明顯的不同處，若你不能一眼看出那些最明顯的不同處，甚至看不出來，那你真的要好好思考自己的專注力是否有待加強！

如果你覺得自己是個容易急躁又沒有耐心的人，或許你可以藉由一些類似瑜

甲、乙兩間房間，請找出A、B兩圖的不同處

伽的簡單舒緩動作讓自己先放鬆，然後慢慢的深呼吸、吐氣，來回幾次吸吐動作後，再回到題目上尋找還沒找到的答案，相信一定會有一些收穫。

◆魔鬼就藏在細節裡

碰到這類「看看哪裡不一樣」的測驗時，很多人總會很直覺的找最明顯的不一樣之處，一旦找到，就在它的周邊再看看有沒有「漏網之魚」。因此，基本上可算是用「亂槍打鳥」的方式找答案，而且是以「找到一個算一個」的心態。

這樣的方式剛開始可能會很快又有成就感，卻很容易遇到瓶頸，而且不斷重複查詢已經看過的部分。之後在找不到答案的狀況下，便在心裡思考是不是自己眼花、漏看了哪個地方！原本想要快速成功達陣的想法全被搞砸了，被最後一、兩個答案耽誤了進度。

解決這種遊戲時，應該切記不要「見獵心喜」，一看到題目就馬上兩眼發直、圈出答案，忘了仔細再仔細。這跟我們待人處事的道理一樣，越是大意，越容易在後面吃到苦果。

正確的方法反而應該是，不論題目複雜與否，都要以循序漸進的方式，由左到右或是由右到左，仔細比對兩張圖片的不同處，從小地方找尋答案，而不是貪急求快的跳著找答案。

你如果覺得自己很容易分心，因為周遭圖案太多，讓你難以專注找出答案，或許你可以先將部分的圖片遮住，等找到答案後，再繼續從剛被遮住的圖片中找其他的答案。

藉由這類尋找相異處的遊戲，培養冷靜的頭腦並細心的分析觀察，可算是培養數學腦的一種好方法，而且輕鬆又有趣。

◆心到眼到就不會亂套

除了將兩張類似的圖片放在一起練習的遊戲外，另外一種找圖片的練習也是利用視力的錯覺，混淆我們找尋答案的速度，就讓我們一起來試試第一三五頁的練習。

在左圖遊戲中的五個物體，不論形狀或圖案都有相似的地方，因此在判斷哪個東西被拿走時，造成我們一時間不能馬上回答出來，還要再對一次原來的圖片到底有哪些東西，才能確認被拿走的物體。

其實會造成我們的反應有點遲鈍的原因，通常在於我們眼到卻心不到！明明看見了五樣東西，可是換個圖框看到類似的東西時，由於剛剛檢視原來的圖框時，並沒有認真的把圖框中的圖形記著，因而才會出現難以確認的狀況。

日常生活中類似這種眼到卻心不到的狀況其實比比皆是，例如，想想你今天出門去買早餐時，早餐店老闆娘的衣服是什麼顏色，你記得嗎？昨天你旁邊的同事穿什麼顏色的鞋子，你有注意到嗎？

當類似狀況頻繁出現在職場中，例如曾經一起合作過的客戶，再次碰面，你卻記不得對方的名字！前兩天才經手過的公文，你卻想不起何時簽的名字……，這樣的你，怎麼可能有良好的人際關係和職場際遇？

在A區中有六種昆蟲，B區中①到⑥的六個圖框中則有五種昆蟲，請看看從①到⑥的圖框中各缺少了哪隻昆蟲？

A

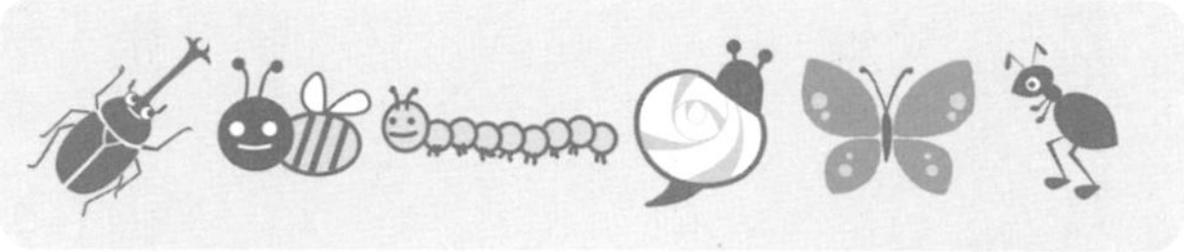

B

①

②

③

④

⑤

⑥

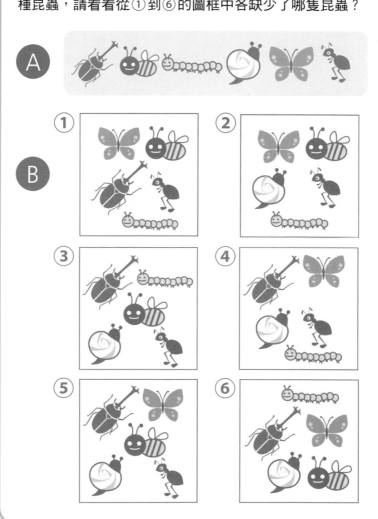

如果一時間你實在難以改正這種「漫不經心」的缺點，那就以筆記把重要事項記下來，或是用錄音筆錄下每天的工作心情，加強自己的印象。

以這題的題目來看，當你觀察A區中的物體時，請默記下每樣物體，並在心裡複誦「蜜蜂、蝴蝶……」後，再檢視B區中缺少了哪樣物體，在這樣的練習下，相信你眼到卻心沒到的問題會大大的改善不少！

TIPS 效率提升錦囊

每天從家裡到公司，你會經過多少個紅綠燈？每天前往上班的途中，找一樣事物觀察，例如人行道的樹木種類？有多少個垃圾桶？有多少間早餐店？讓自己的觀察力可以越來越細微。

一個蘋果有多重？從秤秤看到試試看！

你是否曾有過工作總是不順手，而要不斷重新開始的景況？或者提案老是被客戶推翻，全部都要再重新思考架構的不順遂……？遇到以上的狀況，除了必須盡快分析出失敗的原因，也要有良好的耐心願意嘗試不同的方法是否可行！

當能夠快速歸結出解決方案並耐心的找到答案，表示我們對周遭事物的敏感度和判斷力又往前一大步，對你的職場生涯也能有更大的幫助。

這個單元的遊戲非常簡單，但可別小看它，因為藉著這些簡單的動腦遊戲，可以讓你思考一下自己是否有足夠的耐心和判斷力！

大腦動一動

你知道一罐飲料和一個方塊各有多重嗎？請試著「猜猜看」，並把推論出來的結果記錄在下表中。

		共

				共

			共

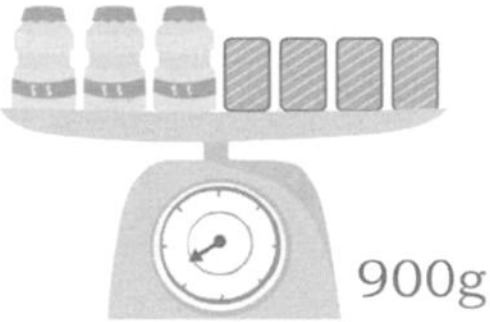

							共

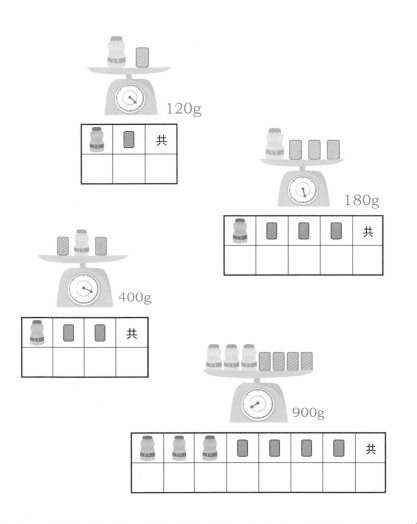

◆從嘗試錯誤中學習

看到「大腦動一動」，你心裡是不是想著，「這根本是小朋友的練習，太簡單了。」然後在這麼認為的同時，就以代數套入等方法，快速的把答案解答出來。不過，如果我要你拋開所有已知的公式，用你原有的能力去解題，你會怎麼做？

事實上，所有的數學公式和理論都是專家們經由長時間的引申討論得出的成果。那麼，在尚未有數學公式前，那些前人如何計算出重量、距離、數量等一切跟生活有關的數字呢？

他們依靠的不就是本身的智慧和能力，並經由不斷的嘗試後再驗證嗎？藉由不斷嘗試的過程，從錯誤中找到對的方法與答案。也就是必須藉由來來回回的觀察與調整，找到正確的答案！

以「大腦動一動」的練習來說，你如何開始第一步呢？

首先，或許可以假設飲料罐和方塊的重量分別為一百公克和二十公克，然後算算看是否正確。當答案不對，就再試試其他的重量。

或許你會疑惑，那要試到什麼時候才會有正確答案？這就是你要從中學習並體會的重要過程，也只有親自去試算，才能體會如何進行下一步會離正確答案更近？

以這題來看，當物體重量往下或往上推估時，你可以觀察結果是離正確答案越來越近還是越來越遠？當答案離正確解答越來越近，就表示推估方向是正確的；反之，就代表你要往另一個方向思考。由此慢慢調整解題的方向，很快就能找到答案（請參照第一四二頁的圖表）！

◆回到最單純的解題方法

除了複雜的代數、一步步嘗試的試誤法，還能用什麼方法解題呢？本書從一開始，我就不停灌輸大家一個觀念：數學不只一種解答方法！在「大腦動一動」

想要推論出飲料和方塊的重量，先以A組為「測試組」，B組為「驗證組」。

A

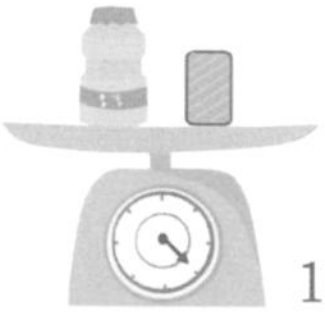

120g

B

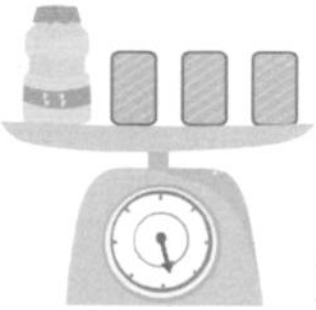

180g

		共

				共

計算

A		→	B				
100	20	→	100	20	20	20	160
110	10	→	110	10	10	10	140
90	30	→	90	30	30	30	180（正解）

比一比，想一想

- A組的一瓶飲料和一個方塊重量為120公克。一般而言，大部分人會先將其分為100公克和20公克。
- 100公克和20公克的數字帶入計算後，答案不對，那就先試試把100公克往上增加；相對的，方塊部分的重量就要下修，以符合兩樣東西合起來的重量為120公克。
- 可是當我們把飲料的重量加大、方塊的重量變小，卻發現答案比原先的100公克和20公克所得出的答案，跟正確的答案180公克差距更大。因此可知，如果我們持續把飲料的重量加重，方塊的重量越來越輕，只會離正確的答案越來越遠。
- 所以，我們要趕緊轉換一個想法，如果把飲料的重量變小，方塊的重量變大，結果會如何呢？當飲料的重量變成90公克，方塊的重量變成30公克時，竟然就是正確答案了！

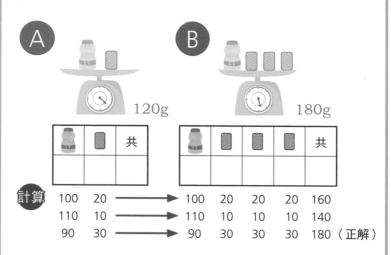

的題目中，你發現什麼有趣的地方嗎？如果沒有，或許可先看看第一四四頁的練習。

在第一題中，你發現天平兩邊都有蘋果嗎？那表示什麼呢？

表示當左右兩邊的一顆蘋果拿開後，天平應該還是平衡。也就是說，右邊的一百二十公克方塊應該跟左邊三顆蘋果的重量一樣，不是嗎？那麼一百二十公克分給三顆蘋果，一顆蘋果的重量是否就呼之欲出了呢？

接下來，請再回頭看看「大腦動一動」的練習。你有沒有辦法跟剛才的練習一樣，把題目簡化呢？

從遊戲的過程中你會發現，很多時候是我們把題目複雜化，或是根本沒有看清題目的問題。一旦把問題簡化，就會很容易找到答案。

當我們抱怨老闆總是丟各種難題要我們解決時，你有沒有試著也把問題簡化，想辦法交出漂亮的工作成果，讓老闆對你刮目相看呢!?

比一比，想一想：

請用削去法算出每一個蘋果的重量

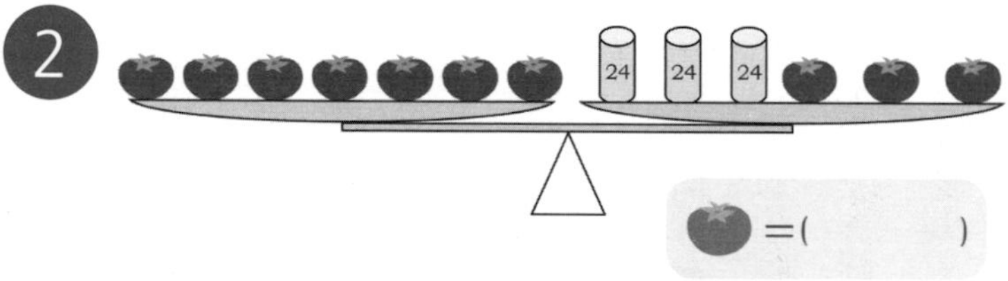

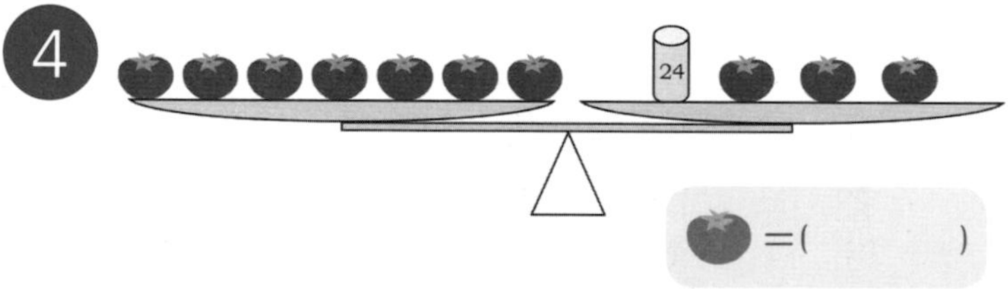

◆訓練自己的耐心

當我們利用「試誤」的方法找尋正確答案時，需要有十足的耐心，一旦失去耐心，就算差一步就可以找到答案，也是半途而廢。

在生活和職場中，你是個有耐心的人嗎？還是總成為「虎頭蛇尾」的追隨者？例如每天設定要拜訪五組客戶，維持了兩星期後，覺得實在太累，想想還是順其自然、不要太勉強；去年年中決定從今年開始養成每天運動的好習慣，結果執行一星期後，便開始三天曬網、兩天打魚……。

你有沒有發現，因為沒有耐心，而失去很多讓自己變得更好的機會？你有沒有發現，因為沒有耐心，而失去很多可以認識更多人的機會……？沒有耐心乍看下似乎不是大問題，卻默默的影響著我們的人生；你有沒有想過，當有了耐心，你現今的生活和工作會有怎麼樣的改變？

沒有耐心就難以持久，難以持久就難以有成果，沒有成果就難以獲得成功的請將1～7的數字分別填入下圖的7個區域內，使每個圓圈的3個數字和都一樣。

❶ 和為13

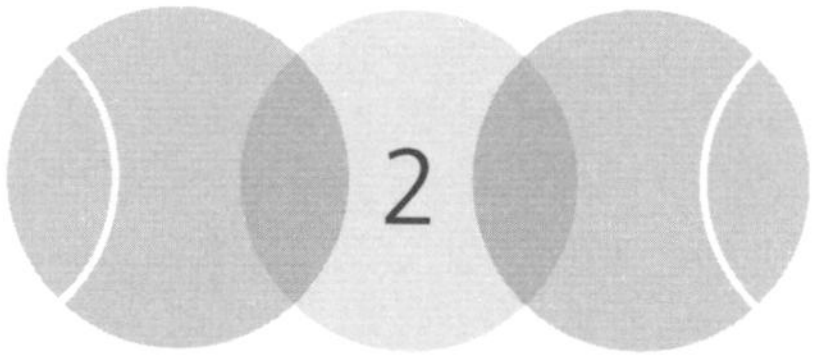

❷ 和為12

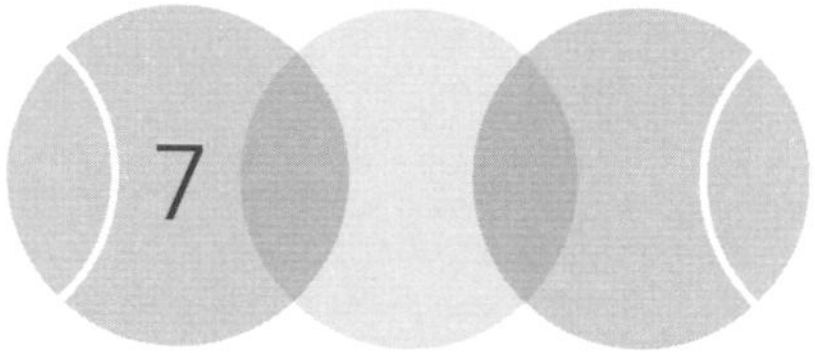

❸ 和為11

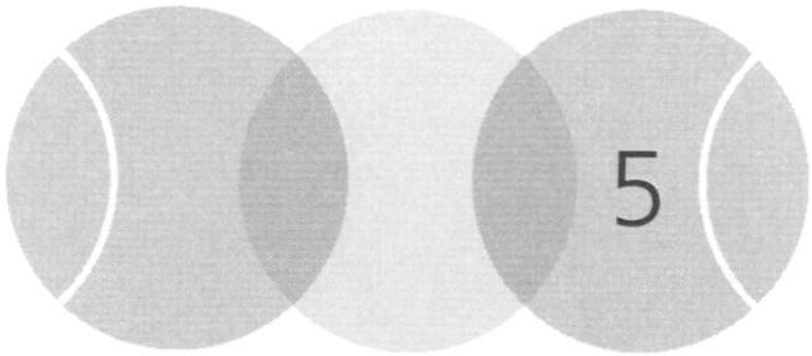

果實。要訓練自己的耐心和細心，除了從日常生活督促自己，也有很多遊戲可以試試看。就像玩電動玩具的闖關遊戲一樣，讓自己從「勝利」中獲得成就感，然後願意繼續進行下去，慢慢培養出耐心。

此外，右圖的遊戲也是一種可以嘗試的解題練習。你可以先從找出一個圓的答案開始解題，再找出其他兩個圓的答案。這類型題目除了訓練你的耐心，也同時訓練了你的應變力。

TIPS 效率提升**錦囊**

戒除「不知道」「不一定」「都可以」……之類的不確定字眼，讓自己可以勇於做出決定。剛開始，或許你可以從限制自己一星期不能使用超過三次，甚至更少的不確定字眼開始練習。

換換看，有多少種排列？

相信你常會看到，同樣的元素經過不同的組合，卻能產生讓人耳目一新的產品！其實這就像「舊瓶裝新酒」的概念，想要有不同的創意發想，不見得要從不熟悉的領域或元素思考，有時只是一些改變，就有可能營造出不同的狀況。

在數字的遊戲中，有很多就是在數字相同的狀況下，經過不同的排列而產生了不同的大小。當我們能夠運用數字遊戲中獲得的啟發和靈感，適當的運用在職場和生活上，或許能讓你得到不一樣的思維和創意！

為了初步體會數字遊戲的靈活運用和魔力，就讓我們從「大腦動一動」開始！

大腦動一動

小貓不小心把水彩打翻了，使卡片裡的三位數看不清楚，請幫忙動動腦，試著回答下面問題。

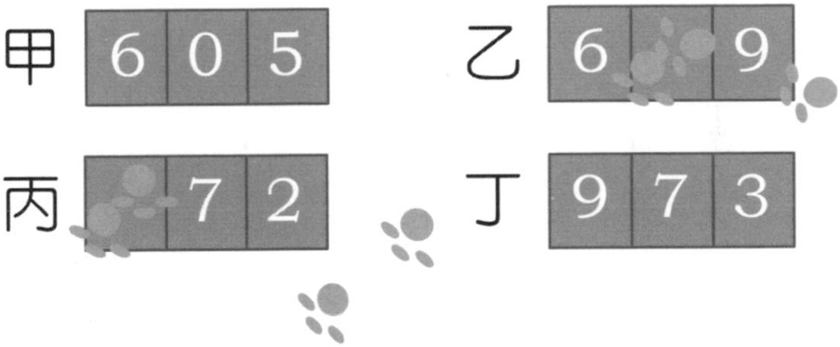

- 甲和乙誰比較大？
- 丙和丁誰比較大？
- 最大的是誰？
- 最小的可能是誰？
- 請將四張卡片由大到小的可能順序排列出來，並舉例說明。

◆試著找出被隱藏的祕密

在生活或工作中，常會遇到被隱藏的陷阱或是危機，能不能從現有的狀況中看出端倪，防患於未然，就要看你有沒有足夠的警覺心和觀察力！

這個單元的「大腦動一動」練習，就類似我們在日常生活中，可能會遇到一些被遮掩、不明確的狀況，而我們該如何從現有的條件找到希望獲得的答案，則必須一一的推敲尋找。

比如，第一個問題是，「甲和乙誰比較大？」最關鍵的問題在「百位數誰大？」結果，甲、乙的百位數都是六，則代表甲、乙的百位數一樣大，那麼，要判斷到底甲還是乙大，只能看十位數了。如果乙的十位數比甲大，即便甲的個位數比乙大，也是乙比較大囉！

不過，乙的十位數剛好被遮住，怎麼辦呢？別慌，先別急著打退堂鼓。你有沒有發現，甲的十位數是零，那代表什麼？表示不管乙的十位數是多少，乙都有

甲和乙誰比較大？

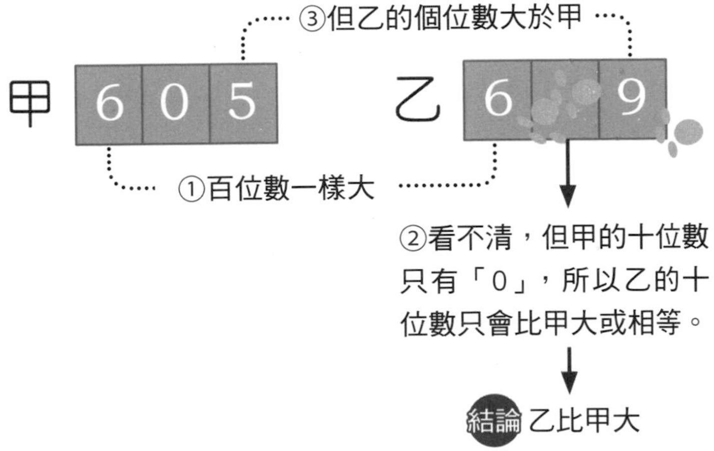
③但乙的個位數大於甲
甲 6 0 5
乙 6 9
①百位數一樣大
②看不清，但甲的十位數只有「0」，所以乙的十位數只會比甲大或相等。
結論 乙比甲大

丙和丁誰比較大？

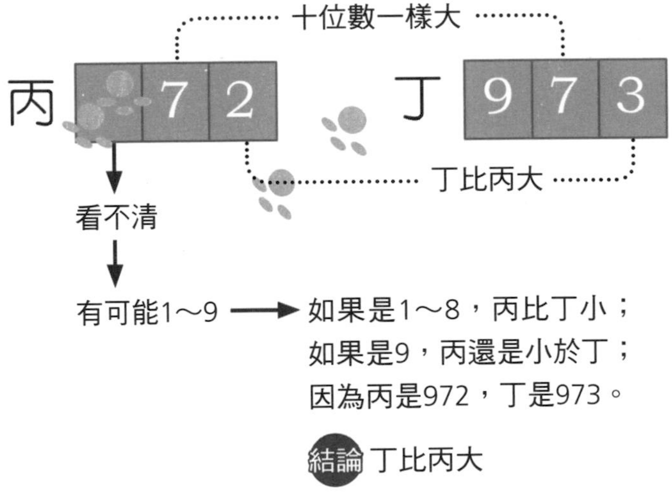
十位數一樣大
丙 7 2
丁 9 7 3
丁比丙大
看不清
有可能1～9
如果是1～8，丙比丁小；
如果是9，丙還是小於丁；
因為丙是972，丁是973。
結論 丁比丙大

可能比甲大，不然就是甲、乙兩數相等，因此，我們可以由此推敲出最後決定答案的關鍵在個位數。以此類推，試著運用這種逐步推敲的方式，找出每一題的正確答案。

想要擁有高人一等的判斷力，除了過人的邏輯思維，還要藉由一步步顯露出的訊息，找到最後的決勝關鍵。那麼不論被隱藏的部分是什麼，只要細心的思考、觀察，一定能找出一些蛛絲馬跡，成為解題的重要依據。

◆全面性的一一檢視

將不同數字排出所有的可能性，是一種檢視自己思慮是否周全的簡單練習。第一五三頁便是希望你能以題目的數字卡片，拼出不同的三位數。

大部分人都會有一個很不好的習慣，常會把眼前看到的答案馬上找出，接著就無秩序的「盲找」可能的答案。等看到正確答案時，才發現自己漏了哪些答案沒找到！

請將A組的8、4、2三個數字，以及B組的8、0、2三個數字，各自排出所屬的三個位數！

這類練習也很容易發生這種問題，最好的解決方法就是一開始便以不同數字為標準、依照由大到小或由小到大的順序找答案。

以這題而言，或許你可先把百位數和十位數都固定，先變換個位數，等每個數字都試過後，再以不同的十位數，同樣的把每個個位數再輪一遍……，以此類推，直到百位數的每個數字也都換過一遍。在一一檢視的狀況下，相信你不會漏掉任何一個答案。

或許你會覺得一個一個找不是很慢嗎？但是，跳著找卻遇到瓶頸，然後又重新再檢視一遍的狀況，真的有提升效率嗎？還是不但沒提升速度，反而把自己的情緒弄得煩躁不堪呢？

鍛鍊數學腦，就在於讓你擁有理性又富邏輯理性的思考力，不會因一時的興起或情緒而失去判斷的標準，不管在生活中或職場上，這都非常重要。有時和家人到中南部旅行時，我會和家人相互出一些這類的數字遊戲，考考彼此的反應力和速度，就算是幾個小時的車程，在這樣腦力激盪中，也一下就過去了！

◆保持靈敏的反應力

數字的遊戲變化很多，非常適合拿來當作有趣又有效的腦力激盪練習。除了上述的數字遊戲，其中我常拿來「混淆」大家注意力的一種遊戲，就是以不同物品對應數字的練習，例如第一五五頁的遊戲。

很多自認數學不好的人，對於數字容易有莫名的恐懼感，因此，當你覺得看到太多數字會覺得頭昏眼花時，不妨用其他的物件代替數字的意義。等你把同樣的東西歸類在一起之後，再做出判斷和分析，便能加快處理事情的速度。但是要記得歸類和分析的準則是什麼，不要弄錯了，否則反而弄巧成拙。

請依照A區的說明，依序算出B區各題的答案。

A

（322）　（436）

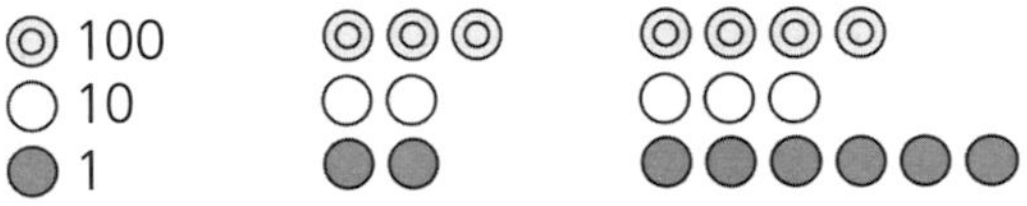

B

①（　　）

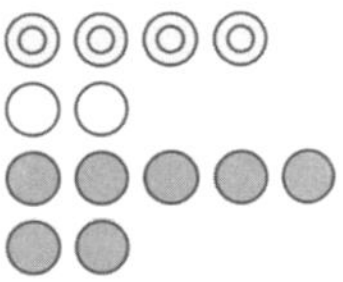

②（　　）

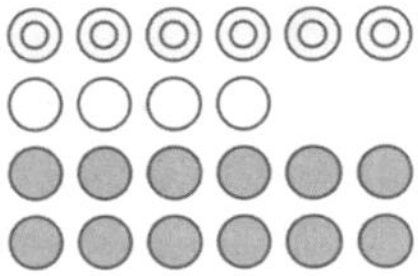

③（　　）

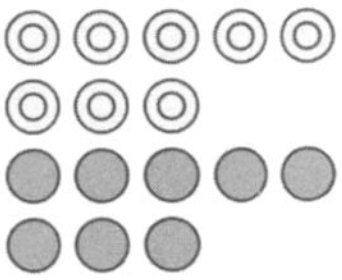

④（　　）

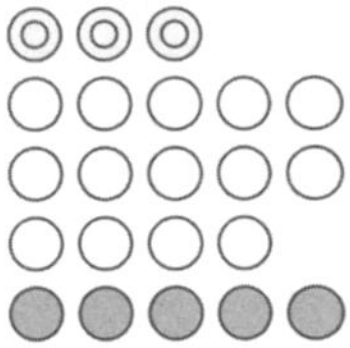

⑤（　　）

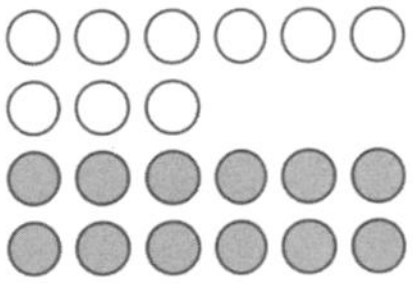

⑥（　　）

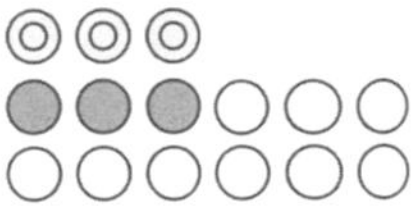

在第一五五頁的題目中，你應該可以迅速判斷出每種不同圖形所代表的數字各是多少吧！不過，在練習這些題目時請小心喔，不要被其中的陷阱欺騙了！

而且，在第一五五頁的練習中，你不要只是制式化的處理每一個步驟，否則便很容易出錯。以第六題來看，會迅速算出答案卻又發現自己算錯的人，很可能都是因為在前面幾題的練習後，沒有仔細注意○和●的順序，所以在第六題時，就會以前面的經驗來回答，卻沒發現排列順序已經不一樣，而產生錯誤的答案。

想想我們在待人處事時，是不是也常發生類似的狀況，因循著之前的經驗，就認為都是同樣的條件、問題，於是就以同樣的方法去處理，沒想到卻大錯特錯！這就是我們常「以偏概全」的大毛病。如果我們希望能夠有良好的人際關係、完善的處事能力，就該有靈敏的觀察和反應力，才能隨時應對偶爾會出現的「不一樣」。

TIPS

效率提升**錦囊**

頭腦清晰才能有良好的邏輯力，平日可以利用木質味或草本類的精油做薰香，如薄荷、檀香……，淨化辦公空間的氣味，進而讓思緒清明。

PART 5

數學腦
零極限之
解構訓練

神奇小風箏，到底有多少種可能？

光看市面上一堆關於如何增進邏輯力的書籍，就知道邏輯力對一個人的發展和成長有多重要。可惜的是，學校從來沒有教過我們這堂課，而要靠我們在日常生活甚至職場中慢慢地體會學習。

因此，培養一個能夠理性分析的數學腦真的非常重要，因為從一些簡單的練習和遊戲中，不但能強化我們的數字概念，更能藉由一步步的解題過程，培養邏輯感，甚至找出不一樣的創意發想！

現在，就先讓我們從「大腦動一動」開始吧！當你能夠把單調的圖形發展成不同的圖案，或者將複雜的組合分解成簡單易懂的項目，你就進化了！

大腦動一動

有五個正方形圖案，你能不能用這五個正方形拼出完全不一樣的圖形當成小風箏？總共可以排出幾個不同的風箏呢？不過，記得每個正方形都一定要邊對邊喔！

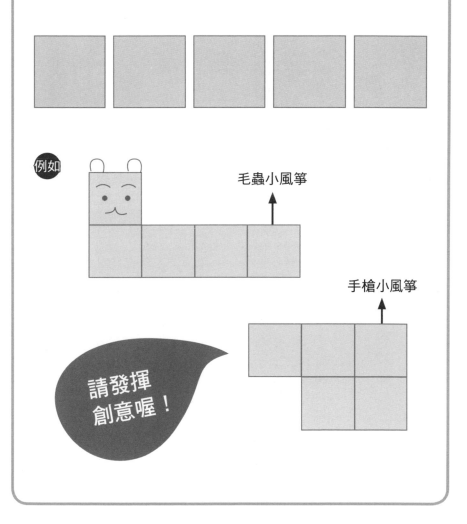

例如

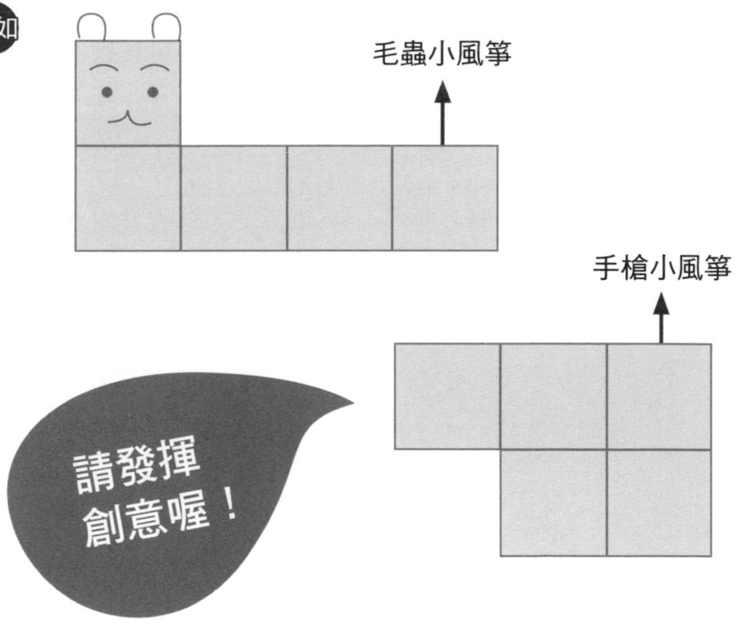

◆從模仿到創意的邏輯思考

思考「大腦動一動」的正方形到底能排出幾組風箏前的練習前，我們可先試試左圖的練習。跟「大腦動一動」的不同之處，左圖的練習是希望你能從A圖中被拆解的幾何圖形推論出，它們各自對應B圖中的哪些風箏？

這個題目的有趣之處，不在於你能不能快速找到幾何圖形對應的圖案，而是在於兩個思考點：

第一，當左圖的練習缺少了A部分的幾何圖形拆解，你能不能憑著B部分的風箏圖案，自行拆解出它們是由哪些幾何形狀組成？

在生活和職場中，隨時都需要具有分析組合的能力。當一個人不能將複雜的情況拆解，循序順出條理、找出邏輯，便難以在現有的領域上有所突破，更難以獲得主管的賞識。

尤其當我們面對一個複雜的決議時，來自四面八方的聲音可能非常紛亂，但從A圖的幾何圖形，推論出它們各自拼成B圖的哪些風箏？

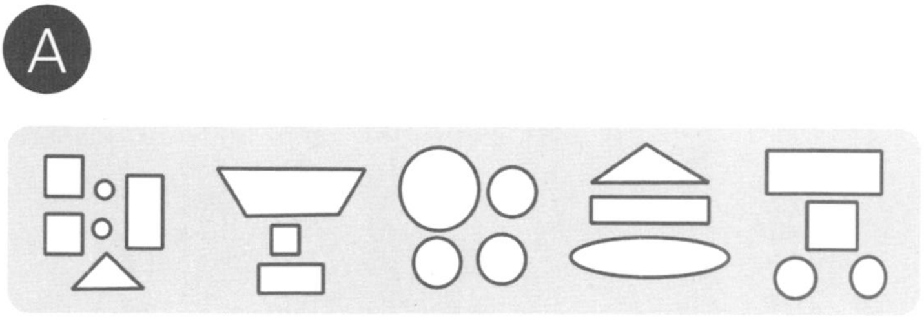

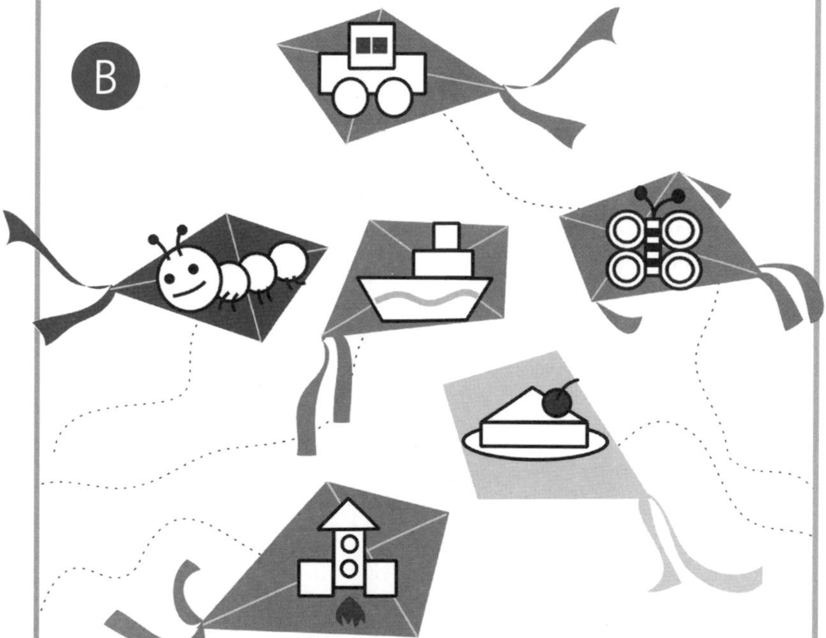

若能慢慢地將其抽絲剝繭，找到最開始的源頭並探討其中的優劣，或許可以找到最接近真實的答案，而不是以訛傳訛，道聽塗說。

第二個思考的面向則是，從風箏被拆解為幾何圖形後，除了如B部分所顯示的風箏圖案外，你還能想出其他樣子的風箏嗎？例如把毛毛蟲風箏轉換成蜈蚣風箏，把蛋糕風箏轉換成火箭風箏……。

在創意成形的思考過程中，其實要經過不斷的觀察、模仿、改良並再修正的途徑，所以有時在思考過程中的模仿是必要的，但更重要的是，你能不能在以模仿為基礎下，做出更好的成果。

例如你的公司早已有一套行之已久的軟體，雖然有點小問題，但因為使用已久，大家也就習慣了。但是如果今天你能夠在以這套舊系統為參考的基礎下，改進其中的缺失，甚至設計出更人性化的操作介面，不也是一種創新！因此，想要提升分析能力的第一步，就是從模仿中學習自己不足之處；並從前人的果實中，強化自己未知的領域。

◆剔除似是而非的答案

讓我們再回到「大腦動一動」的圖形排列。不過，先讓我們從三個正方形開始思考。拿出三個正方形的圖片排排看可以有幾種不同排法？記得，都必須邊對邊喔！

一開始，你可能會認為答案有A、B、C、D四組（如第一六六頁圖），但是仔細觀察後可以發現，A和B的圖形是一樣的，C和D也是一樣的，只不過不同的角度讓我們誤解。

這就像我們不論站著或是坐著，都是同樣的一個人；不瞭解的人，看到坐著的我們可能會覺得我們的個子嬌小，但當我們站起來，就會覺得「喔，原來你這麼高！」因此，判斷事物時，一定要從不同的方向思考和觀察，然後再去分析判斷，否則到頭來，你可能會白費很多不必要的時間。

以此類推，三個正方形排列的圖案要注意不同角度的考慮，當正方形的數目在三個正方形的組合中，雖然不同的角度有四種排法，但其實只有兩種圖形。

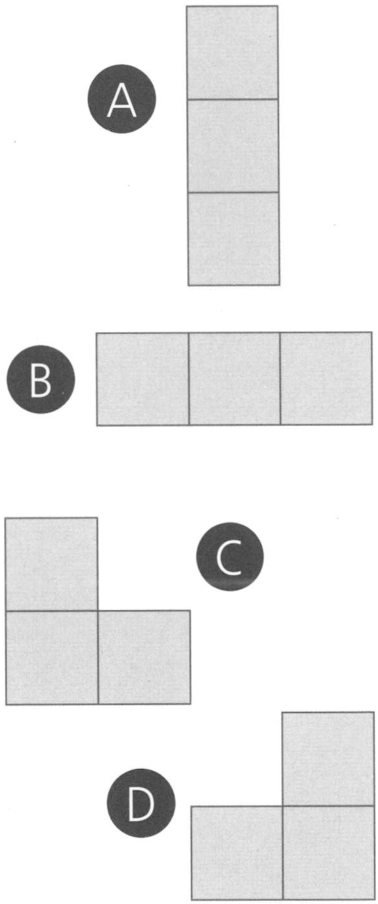

增加到四塊、五塊，甚至更多塊時，就必須更注意「重複出現」的可能性。如果你不能及時將這些「假答案」剔除，就不能獲得正確的答案，而且會浪費更多時間。

◆不設限的創意思考

經過前面的遊戲和思考後，相信大家一定可以順利的找出「大腦動一動」的答案，總共有十二個不同的圖形，如下圖，你答對了嗎？

這幾年非常盛行樂高積木，不管成人還是小朋友，都熱中於把一個個的小積木，慢慢組合成一個個如實物般的物品，例如動物園的貓熊寶寶圓仔、動漫中的主角鋼彈機器人等。

這些照著圖片組合出的立體圖形雖然很令人欽佩，但畢竟是依照現有的物

五個正方形所能排出的十二個不同的圖形

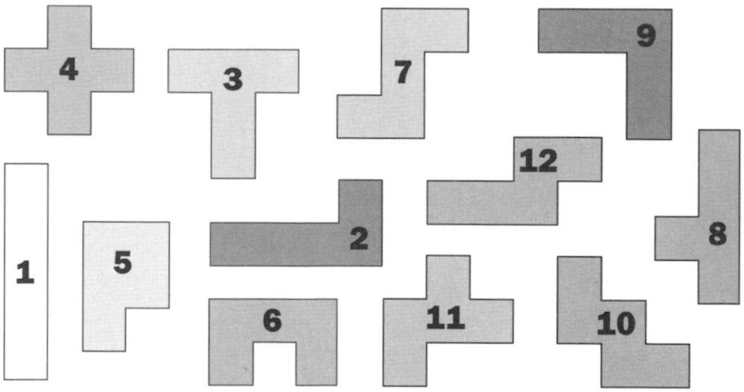

體仿造，沒有辦法運用想像力。

其實，除了樂高積木外，還有一種對於創意開發更有幫助的積木叫做LASY，在歐洲，它是被廣泛運用在潛能開發的一種教具。這種積木不能像樂高積木能夠排出漂亮的圖案，但對於創意力的開發卻很有幫助。

LASY積木的概念是藉由不同的幾何圖形，例如圓形、長形、方形……，組合出立體的物品，目的不在於「仿真」，而是創意。曾經有一個三歲的小朋友，利用兩根長條、一個圓輪狀，以及兩個方形，組合出一把剪刀，讓我非常驚喜！

同樣的，你能不能從「大腦動一動」所解答出的十二組圖形中，以每兩個到三個的不同組合，再創造出不一樣的圖案呢？試試你的創意囉！

TIPS

效率提升錦囊

生活周遭有很多不堪使用但丟掉可惜的物品，你有沒有想過如何廢物利用？每天找出一樣物品，為它想出一個不一樣的使用方法！例如，把已經鬆弛的小朋友可愛髮帶，拿來綁辦公桌上一條條的網路線或連接線，你覺得如何呢？

下午茶點心，每天都有小確幸！

日常生活和工作中，需要運用到分配組合概念的機會很多。可惜的是，很多人不知道該如何適當的運用。

想想看，當你可以藉由這樣簡單的方法，讓一些原本看似困難的事情一一理出頭緒並解決，你可以省下多少時間呢！

最重要的是，分配組合的概念一點都不難，而且一旦上手，你會發現那真是一個隨時隨地都可以運用的好方法。現在就讓我們從每天的下午茶菜單開始來規畫吧！

大腦動一動

每天下午茶時間，公司都會提供披薩、蛋糕、甜甜圈三種點心給大家享用。小芬非常喜歡這段下午茶時光，可以吃點心又能放鬆心情，但吃太多容易發胖，所以小芬都限制自己每次只能吃三塊，請問小芬有幾種不同的下午茶組合呢？

◆讓不同組合增加變化性，找到新點子

這題「大腦動一動」中所運用的組合概念，經常發生在我的生活和工作當中。尤其當朋友到我家作客時，常懷疑我怎麼總能變出一桌的菜餚，是不是前一天上菜場買了一堆的菜？

說實話，有客人來家裡拜訪，當然一定要有所準備，但平時實在很忙的我，也不可能總是有時間大肆採購。所以，除了補充幾樣需要的生鮮蔬菜外，大部分菜餚都是以不同的搭配組合創造出不同的口味。

例如一顆高麗菜，我會分成三等份，烹調成三種不一樣的菜，分別是紅蘿蔔清炒高麗菜、糖醋高麗菜，以及沙茶花枝高麗菜羹；一斤豬絞肉可以分成兩份，一份煮成下飯的蛋蒸肉餅，另一份則將它放在挖空的冬瓜內，煮成冬瓜盅……，諸如此類的方法，讓我每回請人來家裡吃飯，不但省時省力，也獲得大家的讚賞。

生活中如此，在工作的一些場合中，我也很喜歡運用「組合」的概念。以教室的環境設計為例，喜歡插花的我，經常會到花市採買一些花材增添教室的氣氛。我通常會買三至五種花材，其中還包括一些可當點綴的新娘草、滿天星等配花。但是那麼多間教室都擺放一樣的花太單調，因為環境不同，放在櫃檯、辦公室的樣式，當然跟教室要有所區隔。

這時，我就會運用不同的組合創造出不同的樣式，營造不同空間中適合的花藝擺飾。也因為利用類似的材料「玩」出不同組合的方式，反而常讓我從中試出許多有趣的搭配。

這個單元的「大腦動一動」，就是希望大家也能像我一樣「玩」出不同組合，想想小芬每天可以有哪些下午茶組合可以享用。當然，你可以如法炮製，也為自己每天規畫不同的下午茶，增加自己的幸福感囉！

小芬每天可能享用的下午茶組合

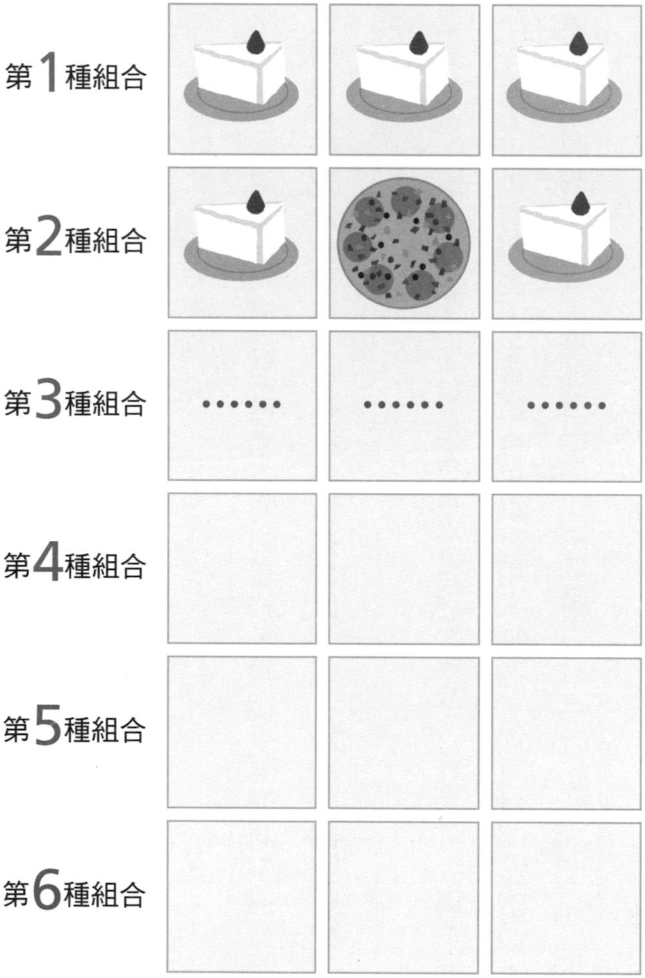

◆利用分類組合做好時間管理

分類組合的練習看似隨興，其實其中的排列可以歸納出邏輯性。例如從「大腦動一動」的遊戲來看，並沒有限制不能一次吃三種一樣的點心，也沒有限制一次不能吃兩種一樣的點心，當然，你要一次吃三種不一樣的點心也可以！唯一的要求就是，每天的組合都要不一樣。

在這樣的前提下，或許我們可以把這樣一個圖像式的遊戲，讓它成為表格式的呈現，可以更一目瞭然，思考時也能更有條理。

根據下方的表格，你有沒有覺得小芬每天的下午茶菜單更清楚、也更有系統！在這樣的前提下，我們

	第1天	第2天	第3天	第4天	第5天	第6天	第7天	第8天	第9天
蛋糕	3	2	1	0	0	0	0	1	2
披薩	0	1	2	3	2	1	0	0	0
甜甜圈	0	0	0	0	1	2	3	2	1

是否能夠更進一步的將小芬一星期的下午茶菜單全部都安排好，接下來只要照表操課就可以，小芬也不必再苦惱每天的下午茶要選哪樣點心比較好了。

類似的組合安排非常適合運用在我們的工作規畫上，如果你常覺得自己每天都渾渾噩噩、工作進度沒有實質的進展，卻又不知該如何安排工作分配，建議你，或許可以把已知的一週工作項目列出，然後按照工作事項的輕重，按照比例分配到每天的工作進度中，同時也適時的安排彈性調整的時間。

如此一來，你的工作效率或許能因為事先的安排與規格化而被提升。最重要的是，你每天一進公司就可以馬上進入工作狀態，而不是在坐在椅子上發呆空想！

◆成為達人的必要條件

經由前面的練習和思考，你是否發現，數學中的分配組合概念，對我們的生活和工作有多麼大的影響和幫助？而類似的練習不但可以讓我們學習時間的掌控安排，更可能成為啟發創意的來源。

想想看，當我們在思考一個新企畫的可能性時，不就是藉由分配組合的方法找出最符合需求的案子嗎！例如下面的新款女鞋開發提案。

在這樣的提案下，若你能夠善用分配組合的概念，將所有的可能性都列出，然後一一做

開發新款女鞋的產品訴求，為符合成本，在以下九個選項中，只能選擇三項條件：

	有氣墊	全皮材料	環保鞋底	氣墊內裡	設計師聯名款	有機染料	手工車縫	可更換式鞋墊	水晶裝飾	增加成本	……
A款	✓	✓							✓	20%	
B款				✓	✓					5%	
C款			✓			✓	✓			5%	
D款			✓							10%	
E款				✓				✓		8%	
										……	

好研究調查，評估所有不同組合的優缺點與市場考量，相信對於這個提案進度絕對有實質的幫助！

你應該可以發現，數學中的分配組合概念跟計算能力並沒有太直接的關聯，但是卻跟數學腦有很大的關係。我們常會覺得有些人很有理財頭腦，雖然收入不多，卻總能在不知不覺間存下一筆錢，或是獲得很不錯的投資效果，其實都是因為這些理財達人有良好的分配組合能力，知道該如何分配自己的每一分錢。

TIPS 效率提升**錦囊**

你的通訊錄有沒有分組歸類呢？如果沒有，現在開始把所有的人際網絡做好分類，不論是以姓名、關係遠近親疏，或是來往關係區分，適當的分類會讓你在安排人際互動時更有效益！

國際太空航線網，找出正確的對應者

在職場上遇到困境時，老一輩的人就會安慰你，「合理的要求是訓練，不合理的要求是磨練。」然而，每日忙碌的你可能會想，不合理的似乎往往多於合理的狀況啊！尤其在這不景氣的時代！

老闆總是希望你能用最少的預算，達成最高的業績，或是在最短的時間，獲得最多的成果。在這樣限制處處的狀況下，達到目標果真是不可能的任務嗎？

讓我們從下面的練習先動動腦，把成見拋開後，想想其中的梗概，你會發現，再多的限制只是讓你向前邁進、尋求更好結果的試金石！

大腦動一動

在遼闊的宇宙中，共有11個轉播站。下面為太空船航線的轉播站分布圖，而甲、乙、丙、丁、戊、己、A、B、C、D、E，分別為各轉播站的站名。這11個轉播站，每一個轉播站都有一個聯絡操作員，他們分別是嘉弘、森貴、俊雄、國忠、明倫、力行、志明、俊良、旭華、方平及士勳。他們的聯絡只限於有連線的轉播站，才能彼此交談。

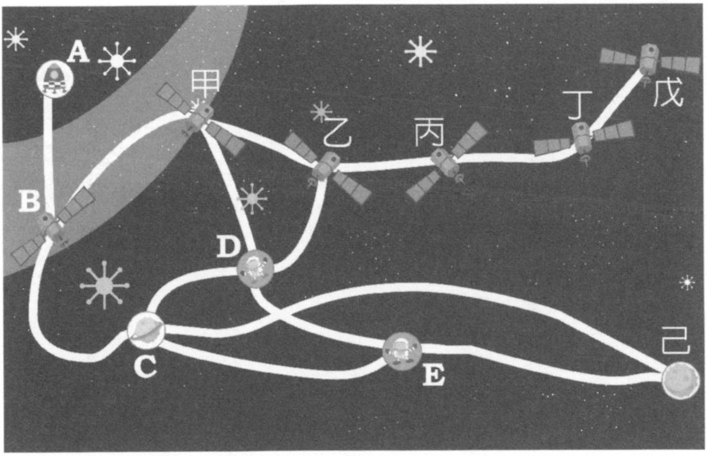

以下為彼此能交談的聯絡員名單

嘉弘—森貴	方平—俊雄	國忠—士勳
志明—方平	俊良—力行	旭華—士勳
國忠—旭華	志明—旭華	國忠—明倫
俊雄—俊良	嘉弘—志明	士勳—明倫
方平—旭華	嘉弘—國忠	

◆比較之後再對症下藥

如果一時覺得難以思考「大腦動一動」的練習，或許可以先來個熱身遊戲！左圖火柴棒遊戲是個非常平常的動動腦練習，平時我跟家人就常相互出題考對方。當然，現在的火柴棒不好找，但沒關係，用牙籤、免洗筷或是手邊現有的東西代替都可以。

這種遊戲除了可以訓練觀察力和方向感，還能培養想像力。而且只動了幾根火柴，就可以讓原來的圖像有不一樣的呈現，好像自己創造了一個新產品一樣。

不過，這類題目該如何找出答案呢？有三個關鍵步驟，第一個就是先看清楚原圖的結構，第二個就是想像新圖形的樣貌為何，最後一步就是看新舊圖形的落差在哪裡。

以圖A來看，原本兩個三角形的圖案，題目卻要求你移動兩根火柴棒，讓它變成只有一個三角形。

A

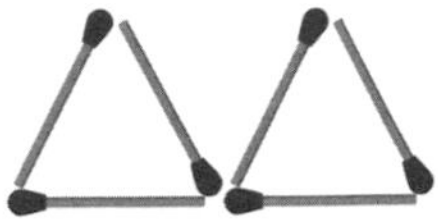

請移動兩根火柴棒，使圖形變成一個三角形。

B

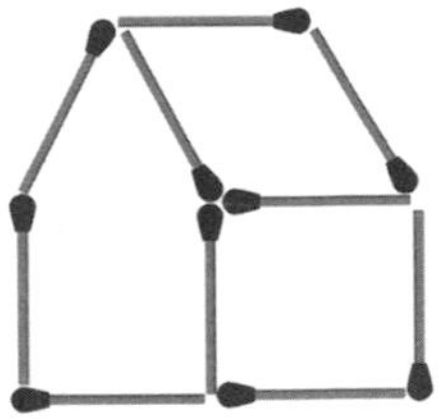

請移動兩根火柴棒，改變房子的方向。

C

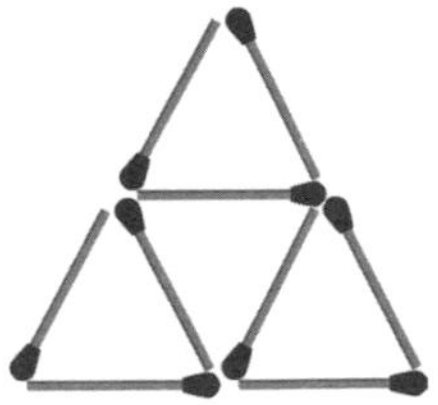

請移動三根火柴棒，使圖形變成兩個三角形。

D

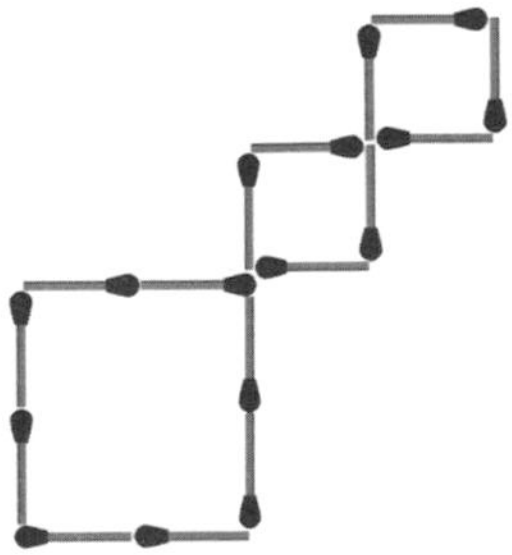

請移動四根火柴棒，使圖形成為兩個正方形。

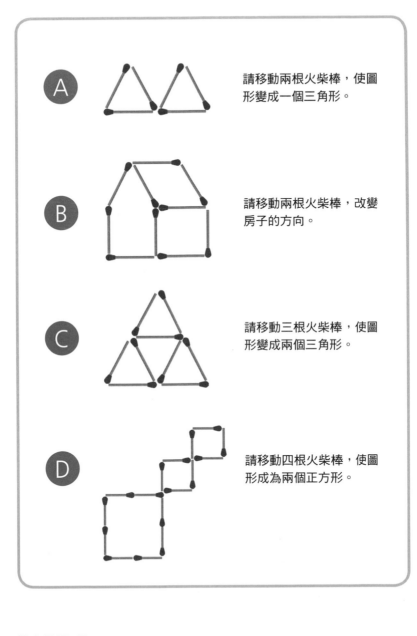

剛看到題目時，你可能會在心裡想著，「怎麼可能？」但靜下心觀察，若想將原來的圖形變成一個三角形，只要兩邊的邊長再往上延伸，也就是將原本隔成兩個三角形的邊長移上去，不就剛剛好滿足題目的要求了嗎！

接下來，不管是要求你要把房子轉向，或是把四個三角形變成只有兩個三角形……，只要記得剛才提到的三步驟，並好好運用想像力，很容易就可以找到解答。

◆先耐心統計再下判斷

讓我們再回到「大腦動一動」。在「大腦動一動」的題目中，不但需要找出每個人對應的位置，又要符合每一個點各自需求的條件，在這麼多的限制下，該如何解決問題呢？遇到這種複雜的題目，你只能先盡量的單純化。

首先，每個人除了位置不同，可以交談的人數也不同。從表格中可以看出，方平可以跟旭華和俊雄兩個人交談，嘉弘則可跟森貴、志明，以及國忠三個人交談……。若將這些對應人數做成表格，可以很快的一目瞭然，讓這複雜的問題獲得一些可供參考的數據（如左表）。

在生活和職場中，我們經常會遇到這種非單一出現的難題，而且相互交錯又彼此影響。你如果能夠把這些疑難雜症一次全部解決當然最好，但偏偏常事與願違。為了不要弄巧成拙，你只能慢慢一步步的把它解開，也不要急於一時，否則很可能越理越亂！

就像如果我們想把一堆打結的毛線解開，若是急著一起拉扯所有的線，到最後只會越拉越緊，毛線也越來越亂。但如果可以耐心的找出線頭，慢慢的將它從線團中繞出，最後這團毛線便能被順利的解開。

操作員	需交談人數
嘉弘	3
志明	2
國忠	2
俊雄	1
方平	2
俊良	1
旭華	1
士勳	3
明倫	2

◆在被限制中解決困難

當每個人可以跟哪些人交談的名單統計完成後，接下來就可以看看能不能從每個人負責的路線數目找出該對應的位置。

這個題目算是比較複雜的邏輯推理遊戲，當我們做出交談者的統計名單後，想要知道正確的對應位置，還必須同時考慮題目中規定的每個人能夠交談的人各是誰。

例如，當我們從交談名單中發現，國忠可以有四個交談者，而有四個交談者的位置有C、D兩個地點（如左表），但到底哪個才是正確的呢？這又要回頭檢視國忠的交談者是誰等其他資訊再驗證分析了。

不過可以確定的是，這樣的驗證過程費事耗時，又很容易產生疑惑。因此，這時我們就該仔細思考，先從有四個交談者的目標開始處理是否徒生困擾？因為要思考的部分太多了！

若是從比較少交談者的對象著手，先把比較單純的對象處理完成，再處理比較多交談者的狀況，在選擇和考慮的著眼點上也會簡單許多了。如此一來，在解決問題的進程上，就可以有效率多了！

在前面的一些單元中，有些練習是要同時考慮各個面向的需求，找出答案，有些則是要先從複雜的部分著手，再進入簡單的階段；至於這個遊戲若想要加快速度，則要先把最基本、單純的找出來並解決後，再進入下一步比較複雜的狀況中。

不過，我還是要強調，這些解題的過程沒有對錯，差別只在於效率的快慢。但是，對你來說比較快的方法，對別人來說並不見得會比

衛星站	對應數目
A	1
B	3
C	4
D	4
E	3
甲	3
乙	3
丙	1
丁	1
戊	1
己	2

較快。因此，最重要的在於，你是否能理解遊戲要你找出的答案，並運用最適合自己的方法去解決。

TIPS 效率提升錦囊

隨身放一個魔術方塊，等車、坐車……的空檔時間，就拿出來轉一轉、想一想！這種練習看來很不經意，卻能在無形中刺激大腦細胞，調整你的思考邏輯能力。如果可以，每天為自己設定一個目標達成值，會更有效果！

金字塔的通關密語，哪個才是正確的？

在很多數學腦的練習中，或多或少都有關於邏輯推理的測驗和訓練。乍看下，似乎是數學題，其實能夠解題的關鍵，都在於你是否有良好的邏輯力。這與日常生活中跟每個人的應對進退，以及處理事情是否明快果決，都有很深切的關聯。

當一個人的思考力非常有條理並具有邏輯，做事效率一定很好，在待人接物上，也一定會面面俱到，不會顧此失彼。想想看，當你成為擁有這樣能力的人時，你還要擔心自己沒有競爭力？擔心自己的薪水只有二十二K嗎？

大腦動一動

請用2～11的數字排排看，使每排數字的總和都能符合題目的要求。

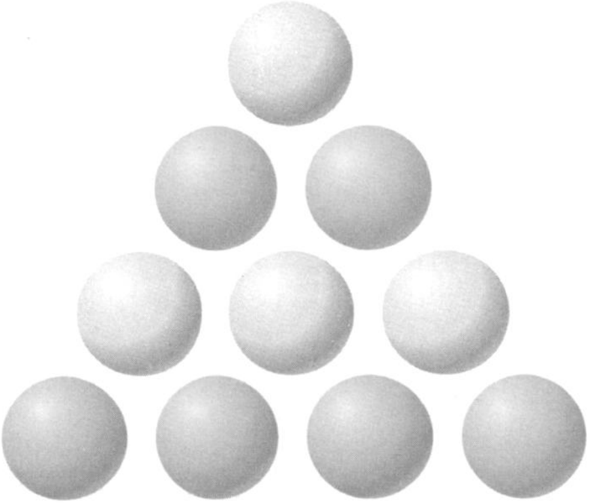

每排和18

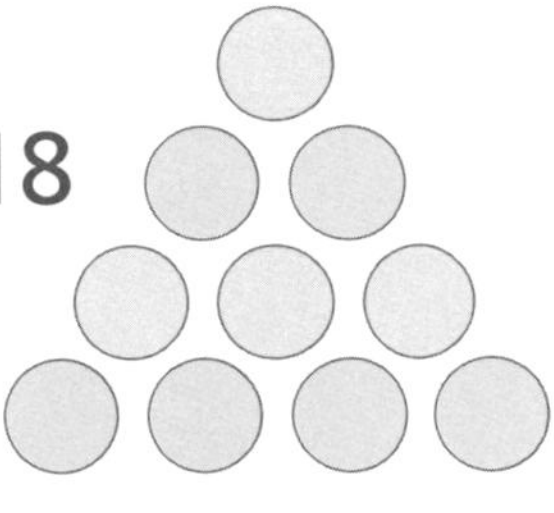

每排和19

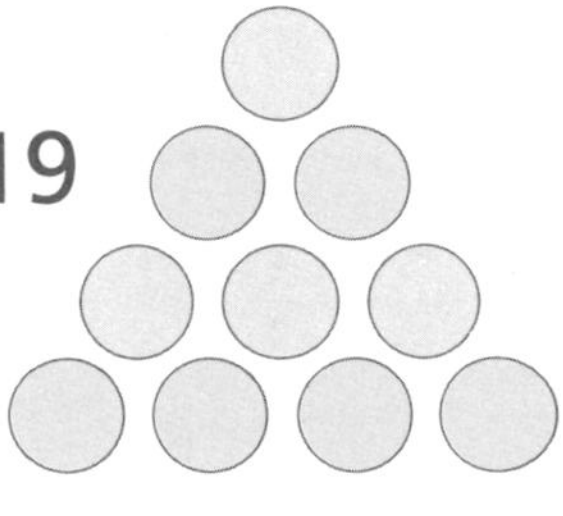

每排和20

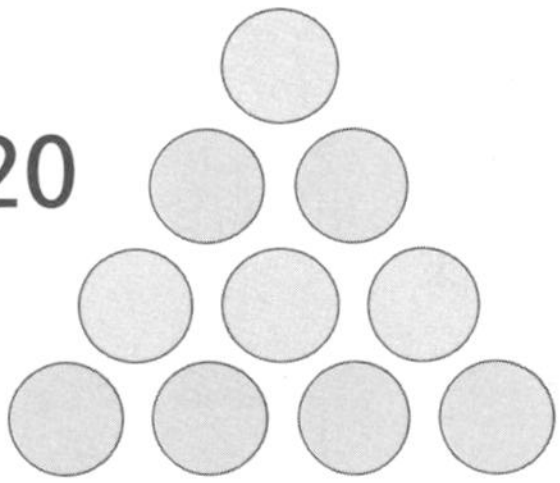

每排和21

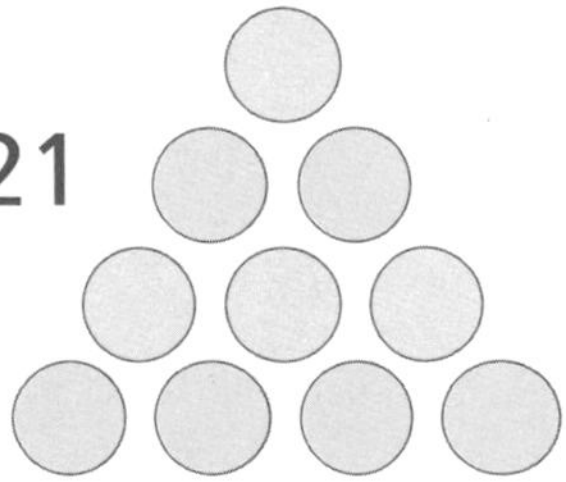

◆仔細、專心並條理有序

一看到「大腦動一動」的金字塔圖形，再想到要在數字不重複的狀況下，符合題目的要求，你是不是當下就想放棄呢？說實話，這種題目最能測出一個人的觀察力和邏輯力好不好。因此有時在面試老師時，為了了解面試者的觀察力和邏輯力，我也會用這類題目測試對方。

剛開始看到這個題目時，你是否在心裡嘟囔，「自己就是計算能力不好，這麼麻煩的數學題，怎麼會算呢？」

事實上，當你瞭解如何思考這個題目的解決方法，你會發現，這個題目真的跟計算能力的好壞沒有關聯，而是跟你思考事情的過程和順序大有關係。

不過，在思考「大腦動一動」的解法之前，先讓我們試試看左圖的練習，並藉由左圖的解題思考來推究該如何解答「大腦動一動」。

在剛才的題目中，跟「大腦動一動」的練習不同的是，因為沒有設定每排數把數字1～10填入圓圈中，並找出四種方法，使第二、三、四排的數字和都相同。

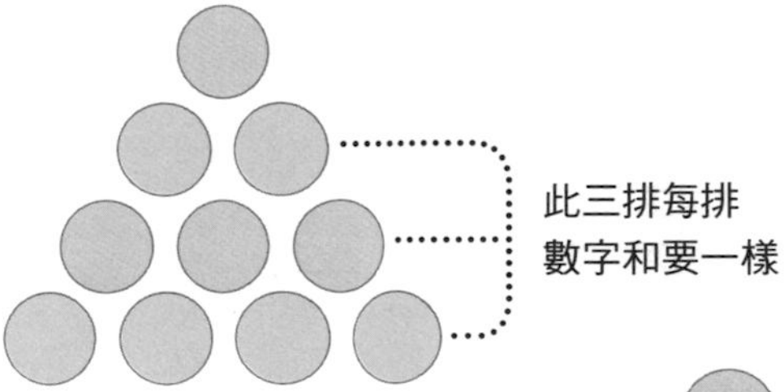
此三排每排
數字和要一樣

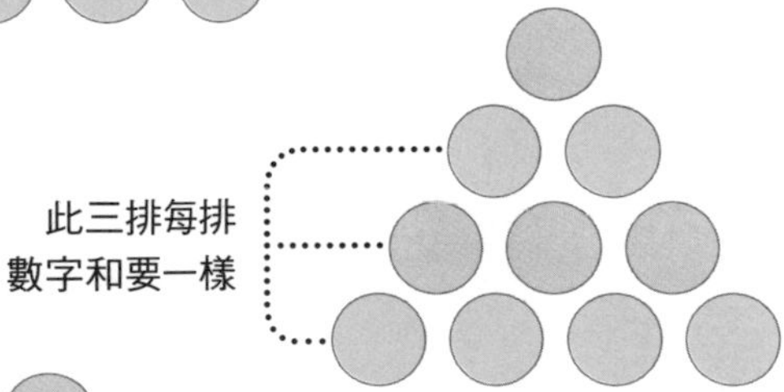
此三排每排
數字和要一樣

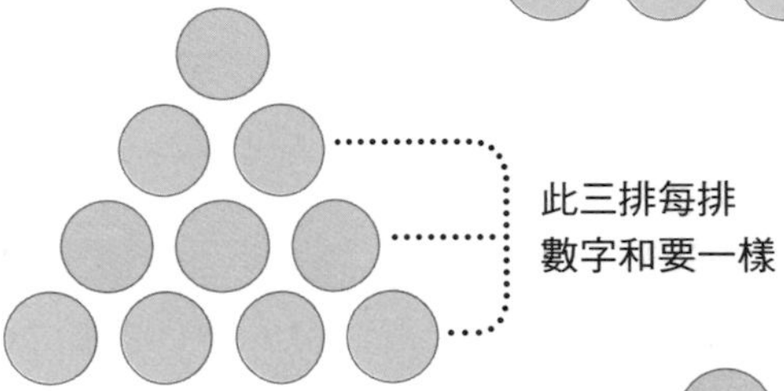
此三排每排
數字和要一樣

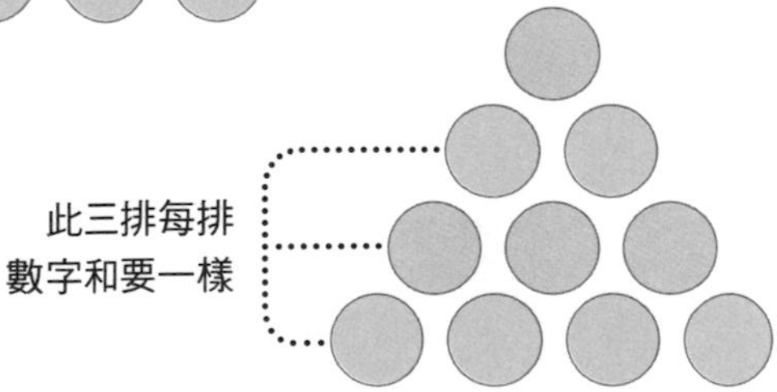
此三排每排
數字和要一樣

字的總和，所以要先推論出，把1到10分到三排後，可以符合每排條件都一樣的總和會有多少！

從「把1到10分到三層」以及「每層總和都一樣」的條件來評斷，首先，我們就可以先做出一個最簡單的推論，就是「每排總和一定大於10」，為什麼呢？因為1到10中最大的數字是10，若要符合每排和都只有10，最下面那層有四個數字要填入，根本不可能有答案！

因此，我們可以從總和為11的答案開始嘗試，你會發現從11到14的總和，都會遇到即便第二層和第三層都找到了相對應的數字，但第四層就是找不到答案。直到每層的總和為15時，才總算找到答案！

你有沒有發現，一看到這個題目時，如果可以仔細觀察這個題目的條件和要求，便可判斷出1到10都是不可能的總和答案，然後把絕對不可能的解答刪掉，無形中就節省下盲目測試的時間。

◆在不斷調整中培養耐心

在剛才的練習中，當初步抓出每層的總和可以從15開始，並算出構成每層數字的總和都為15的各圓圈的正確答案後，接下來我們就看看，除了15外，還有哪些總和符合題目的要求。

想當然爾，15之後，接下來就是試試看當每層的數字總和皆為16時，有沒有可能？由於先前已經算出每層總和為15的答案，那麼，有沒有可能運用15的答案做些調整，以便能夠比較快的找出總和為16的答案呢？

在第一九六頁的解題過程中，你可以發現找出答案不難，尤其知道一組答案後，要解出接下來的答案，速度更是越來越快，只是你必須要有耐心觀察並修正每一個數字。熟練後，甚至可以同時調整兩、三個數字。

利用這樣的題型，除了可以鍛鍊觀察力和邏輯感，也可以培養良好的耐心。

大部分人通常都是三分鐘熱度，時間越久就越沒耐心，也難怪成功人士一定都是算出每排和為15的數字後，要進展到每排和為16，只要把每排的數字再多1是否就可以了呢？試試看吧！

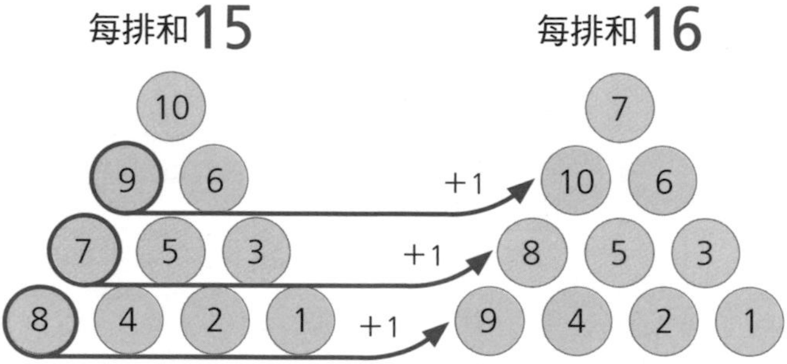

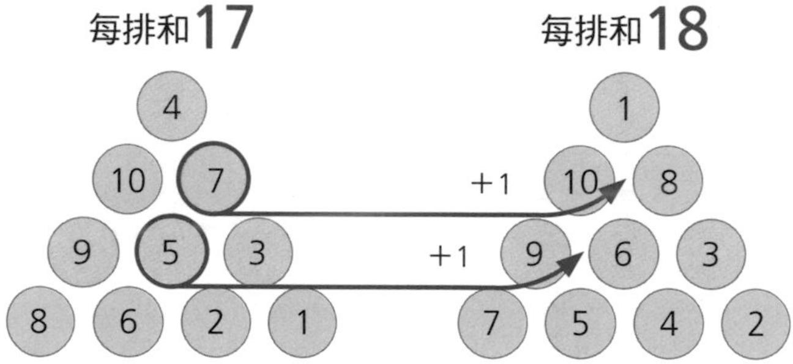

想想看：

利用每層總和為15的答案，將數字調整為每層總和為16的答案，你有沒有覺得速度變快了呢？同理可證，你可以再用同樣的類推方法，試試當每層總和為17、18的可能性。

有極高度耐心和毅力的人，正符合了一句諺語，「戲棚腳站久，就是你的！」

瞭解剛才練習的解題要點後，讓我們來看看「大腦動一動」的題目！

「大腦動一動」的題目不需要再思考每一層的總和為多少，而是已經限定總和為18、19、20和21。

首先，你會從兩個數字的那層開始嘗試，還是三個數字的那層嘗試，或是被拆成四個數字的那層呢？

這裡我要先說明，不論從哪一層都可以，重要的是，你要能從中體會怎麼樣的方法對自己來說最容易理解、也最有效率。如果你發現自己的方法跟別人不一樣，而別人的方法更好、更快，也可以分辨一下不同方法間的差異。

我們就先以總和數字最小的18來練習。大部分人通常都會從兩個數字的那層開始嘗試，因為比較好拆解，也不用一開始就要考慮四個數字的組合。

當兩個數字的和為18，你是不是會直覺的拆成10和8，你可以就用這種方法去測試。只是要記得，當10和8的拆解方法不成功，你可以再想想有沒有其他的兩個數字也能組合成18。

以總和為18的這個練習來看，除了10和8外，就沒有其他符合題目條件的兩個數字了。不過，若是其他題目，有可能有其他的選項，要請你先把兩個數字的選項每個都試過，千萬不要本來想從兩個數字的開始嘗試，結果試不出來，又跳到三個數字或四個數字開始嘗試。

總之，不要在不同層之間換來換去、毫無規律的瞎猜，那只會讓自己越來越煩躁，沒有耐心繼續下去。

◆不要被慣性欺騙

練習了幾個類似的遊戲之後，相信你對這類型的題目已經大概抓到一些訣竅。讓我們再試試第二〇一頁的練習。

你是不是會習慣性地從第二層的兩個數字開始拆解，可是試了半天，似乎始終試不出答案？想想自己是不是因為前面的遊戲產生了一些慣性，總會從最接近

總和為18～21的說明例舉圖

總和為18，拆解為兩個數字後，
可分成10和8。

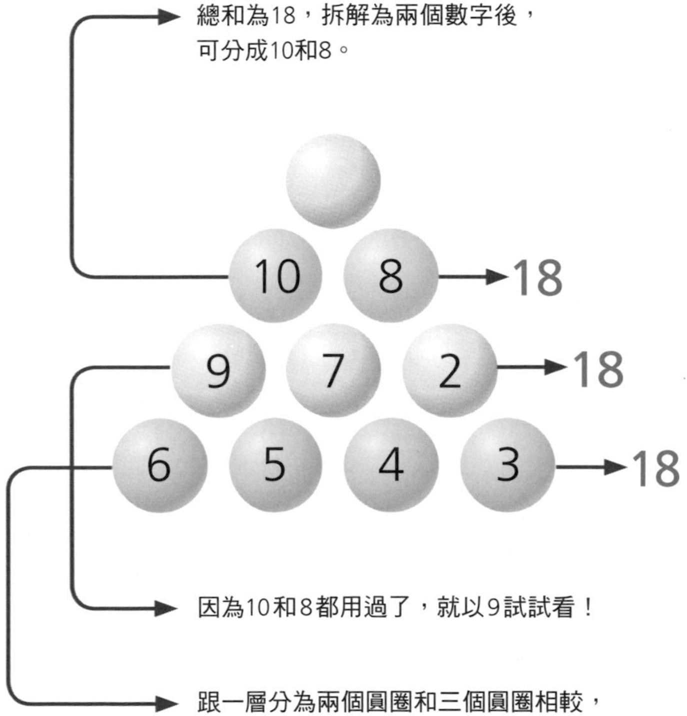

因為10和8都用過了，就以9試試看！

跟一層分為兩個圓圈和三個圓圈相較，
分成四個圓圈的每個數字，在要求總和
相同的限制下，基本上每個數字應該都
會比較小。

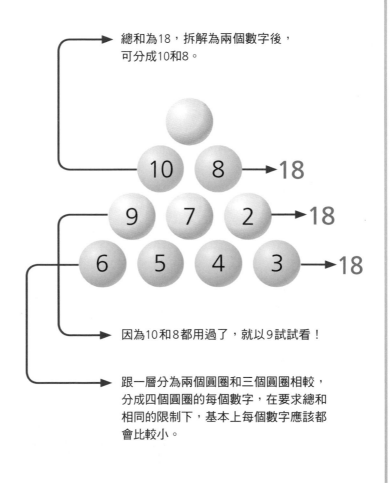

總和的數字嘗試，並一直把它列為某個空格的選擇之一，但卻遲遲找不出答案？

讓我們回頭看看剛才做過的練習，你有沒有發現空格有九個，但是數字都有十個，也就表示在十個數字中，一定會有一個用不到！你有沒有想過，當你困於找不到答案的瓶頸時，若能把不要的數字先找出來，是不是更容易得到答案呢？那麼，如何才能找到那個數字呢？

觀察前面的練習和解答，你有沒有發現所有數字的總和，以及沒被用到的那個數字間的數字差，是否就是填在空格中所有數字的總和呢？這代表了一件事，就是只要把九個空格的需求總和算出來，再跟題目中列出的數字總和相比，中間的數字差，不就是代表多出的數字嗎？

以剛才的練習來看，兩個數字和的差距為10，不就表示在這題中，用不到的數字為10嗎！因此，當你一直把10填入不同的空格時，當然怎麼樣也找不出答案啦！

因為你只要不把10刪除，永遠也找不出正確答案！而這樣的錯誤觀念是如何

總和分別為14、15、16的練習

每排和14

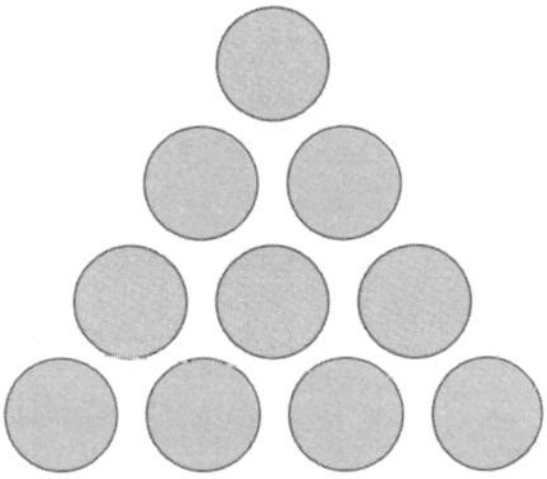

每排和15

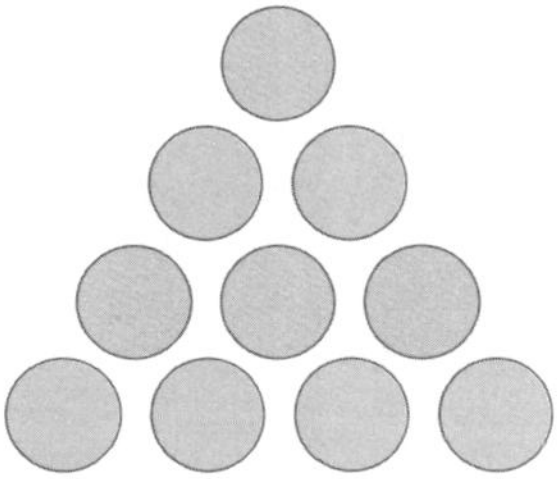

每排和16

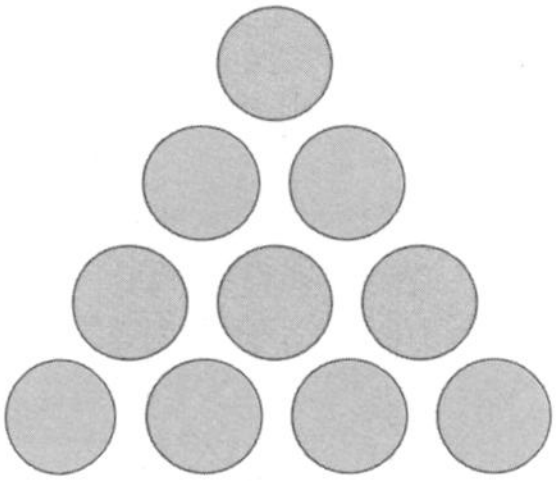

造成的呢？是不是因為你憑之前練習所造成的慣性，而有了錯誤的直覺判定呢？所以，一定要切記，過往的經驗具有很重要的參考價值，但當此路不通時，要記得趕緊另尋他法！

TIPS 效率提升**錦囊**

撇除以前一接收到指令就馬上進行的習慣，先在紙上試著將主管交辦的任務，利用樹枝分布圖或是心智圖做不同階段的思考，例如工作目標、進行方法、相關人物、時間等資料，一段時間的練習後，思維可以更清晰！

乾坤大挪移，在限制中完成任務

你有沒有玩過魔術方塊？如果想要迅速的解開，就不能只看眼前的方塊顏色，而要同時觀察不同面的方塊並想像轉動後形成的樣子。

這個單元的練習就是要你好好訓練觀察力和敏感度，讓自己遇到問題時，可以在短時間內做出決定，甚至能準確並直接的抓出需要改進的地方。

有了這樣的能力，不論想提升工作能力或是生活中的應對力，絕對都有很大的幫助。甚至當你遇到財務困境或試圖改善自己的經濟狀況，良好的觀察力和敏感度都能讓你一眼看清財務漏洞。

大腦動一動

請移動各題3顆棋子，使左邊的圖形變成右邊圖形的樣子。
注意，只能以橫移、直移或斜移的方式！

A

B

C

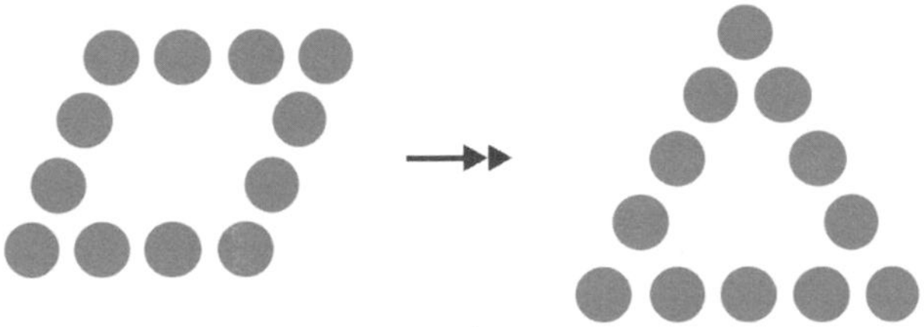

D

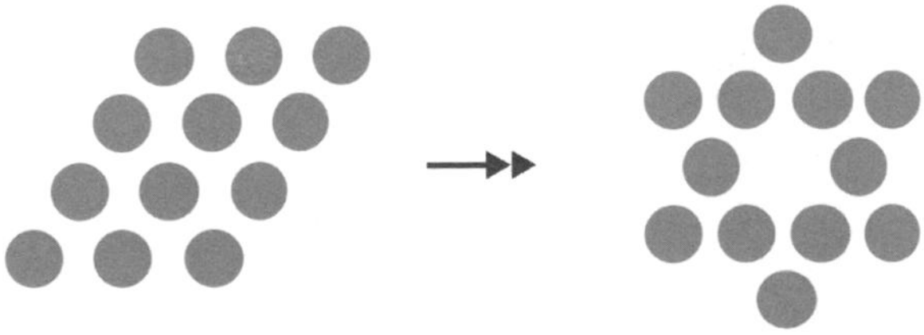

◆彈性運用合力完成任務

進行「大腦動一動」的遊戲前，讓我們先藉由左圖的遊戲練習橫移、直移和斜移。

所謂的橫移，就是向左或向右移一格位置，直移就是向上或向下移一格位置，斜移就是向左下、右下，或是左上、右上移一格位置。在左圖的題目中，你會怎麼開始第一步呢？

大部分人可能會先把白色的旗子往右移，因為右邊的格子是空著的，接下來就會把黑色的棋子往上移到上方的空白處。再接下來，就是照著這個方法以此類推，慢慢的把黑色棋子移到上面的格子中，而下方的格子則是白色的棋子。

不過，把黑色的棋子都移到正確的位子前，還要記得把一開始就被移到最旁邊的白色棋子，利用斜移的方法移到下面一排。當你把所有顏色的棋子按照題目的要求放到正確的位置後，算算看你總共移動棋子多少次？

現在問題來了，延續這個的題目，若是我希望你能把移動棋子的次數限制為八次，你又該如何安排棋子的移動呢？假如按照剛才的方法，已經超過八次了！該如何修正呢？

在剛才的方法中，你有沒有發現，我們多半是採橫移或直移的方式，只有將最旁邊的白色棋子移到左下方時，才用到斜移。

不過，斜移在位置上的調動才是比較顯著的，它不只是左右的位置相距，還包含了上下的移

請將圖中黑白棋子的位置調換成下方的樣子。移動的方向可以橫移、直移或斜移，並把移動的過程記錄下來。

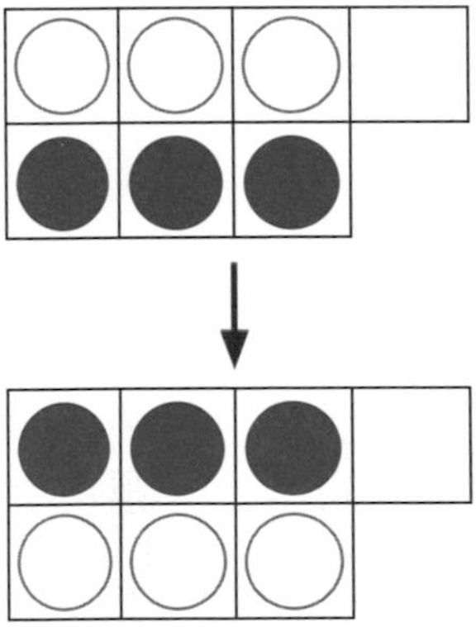

換位子遊戲：限制八次的圖解說明

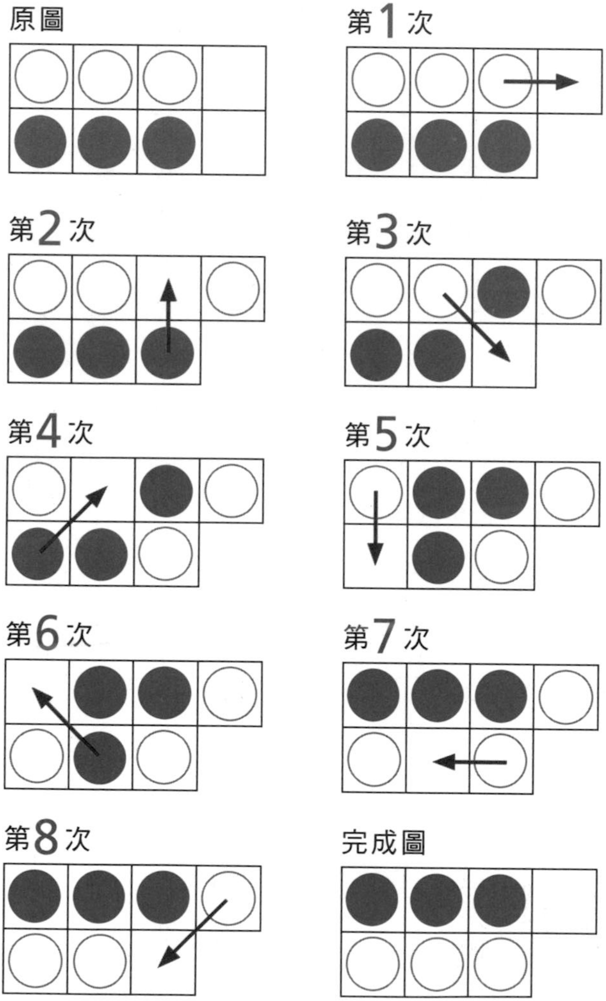

動。所以想要比較省事的把黑白棋子的位置全部對調，當然要好好運用斜移的功能。

但是光靠斜移也不行，必定還是要搭配適當的直移和橫移，這樣一來，相信你想要在次數限制下完成棋子的搬移，絕對沒有問題！

成功的以八次搬移棋子後，有沒有可能以更少的次數完成這個題目呢？事實上，只需要七次就可以對調黑白棋子的位置囉！從搬移八次的圖解說明（二〇八頁）中再想想新方法吧！

◆從圖形找正確答案

瞭解如何交相運用橫移、直移和斜移達到位置調整後，讓我們再來練習第二一〇頁的題目。在這幾題中你有沒有發現，把一個圖形改成另一個圖形，有時可能不只一種方法！重要的是，你有沒有仔細觀察原來圖形和新圖形間的差異，並在舊圖形的基礎上想像，當修正為新圖形，該如何移動旗子。

請移動各題所指定的棋子顆數，使左邊的圖形變成右邊圖形的樣子。注意，只能以橫移、直移或斜移的方式！

A 一顆棋子

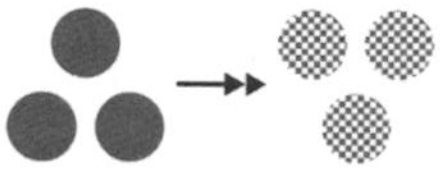

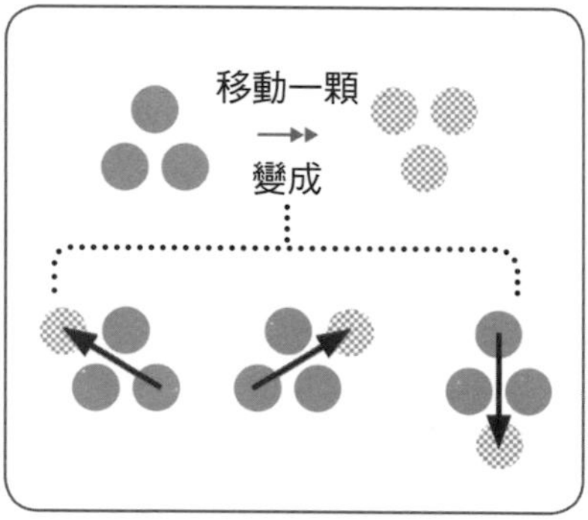

D 兩顆棋子

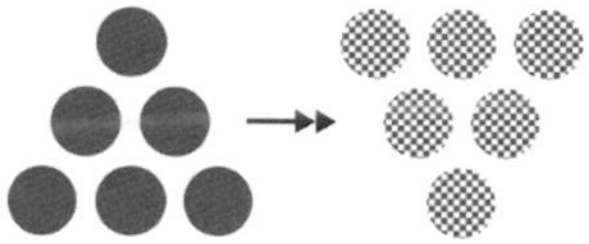

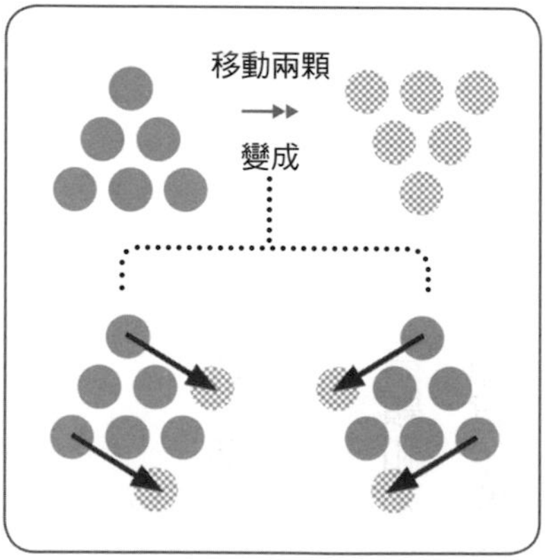

這種結合觀察力和想像力的練習，有點類似一些從平面圖形看出3D立體影像的遊戲，讓自己形成某種視覺暫留的狀況，比較容易判別出要移動的棋子。

當然，如果你覺得這樣的想像很難練習，你可以拿周遭可運用的東西練習，像是綠豆、棋子、糖果之類的物品，實際排排看，增加自己對圖形變化的敏感度。或者，你也可以在保鮮膜畫上新圖形後，將它放在原來的圖形上比對，用這種方法訓練自己的視覺暫留並培養想像力。

◆不要被舊有的習慣制約

當熟悉了一顆和兩顆棋子的各種移動方法後，就來看看「大腦動一動」中，移動三顆棋子的練習。

進行三顆棋子的練習時，你可能會發現一個問題：「在移動一顆和兩顆棋子的練習中，通常會移動最上面或是最下面一排的棋子，不過在三顆棋子的練習中，不論移動上排或下排，雖然可以變成新圖形，卻不能符合題目『只能移動三顆棋子的條件』。」

很多人遇到這樣的狀況時，就會出現停滯不前的瓶頸，突然好像不知到底該移動哪顆棋子才是正確的。這時要突破障礙的要點就是，「不要被之前的練習所形成的習慣影響，要單純並仔細的觀察圖形。」

或者，你也可運用前面建議的保鮮膜方法來協助，當你將保鮮膜上的新圖形和原來的圖形比對後，會發現在移動三顆棋子的練習中，為了在限制的條件中達到目的，必須從中間移動棋子，而不是從最上排或最下排移動。

從這樣的遊戲中，你可以仔細思考一下，自己是否常會因為先前的經驗和習慣，而以偏概全的決定或處理事情，結果卻毫無收穫。這是大家常會發生的通病，因為覺得類似，便以舊有的經驗處理。

事實上，舊有的經驗雖然可貴，但一定也要隨時保持開放的心態，當舊經驗似乎行不通，就趕緊將自己歸零，重新思考解決的方法，才不會被固有的形式和習慣限制。

TIPS

效率提升錦囊

回家照下鏡子，想想看自己跟十年前的樣貌有哪裡不同？包括身形、臉部線條、嘴角的彎度、眼眉的感覺……等，不能只感覺出「變老了」！然後為自己拍近身照，把十年前的照片跟現在的照片對比一下，仔細觀察其中的差異！

想想看，試試看，寫下你的小心得！

想想看，試試看，寫下你的小心得！

想想看，試試看，寫下你的小心得！

國家圖書館出版品預行編目（CIP）資料

我也有聰明數學腦：15堂課激發被隱藏的競爭力／盧采嫻著. -- 初版.一臺北市：橡樹林文化, 城邦文化出版：家庭傳媒城邦分公司發行, 2014.05

面 ； 公分. --（眾生系列；JP0088）

ISBN 978-986-6409-76-9（平裝）

1. 數學

310　　103007018

眾生系列　JP0088

我也有聰明數學腦：

15堂課激發被隱藏的競爭力

作　　者／盧采嫺
編　　輯／游璧如
業　　務／顏宏紋
企　　劃／元氣工作室
文字整理／張雪莉

總 編 輯／張嘉芳
出　　版／橡樹林文化
城邦文化事業股份有限公司
台北市民生東路二段141號5樓
電話：（02）2500-7696　　傳真：（02）2500-1951
發　　行／英屬蓋曼群島商家庭傳媒股份有限公司　城邦分公司
台北市中山區民生東路二段141號2樓
書虫客服服務專線：（02）2500-7718；（02）2500-7719
24小時傳真專線：（02）25001990；（02)25001991
服務時間：週一至週五　　上午09:30-12:00；下午1:30-17:00
劃撥帳號：19863813　　戶名：書虫股份有限公司
讀者服務信箱：service@readingclub.com.tw
城邦讀書花園網址：www.cite.com.tw
香港發行所／城邦（香港）出版集團有限公司
香港灣仔駱克道193號東超商業中心1樓
電話：（852）25086231　　傳真：（852）25789337
E-mail：hkcite@biznetvigator.com
馬新發行所／城邦（馬新）出版集團【Cité (M)Sdn.Bhd. (458372 U)】
41, Jalan Radin Anum, Bandar Baru Sri Petaling,
57000 Kuala Lumpur, Malaysia.
電話：（603）90578822　　傳真：（603）90576622
E-mail：cite@cite.com.my

封面設計／黃淑萍
印　　刷／韋懋實業有限公司

Printed in Taiwan
初版一刷／2014年 5 月
初版四刷／2019年12月
ISBN／978-986-6409-76-9
定價／280元

城邦讀書花園
www.cite.com.tw

積極思考主動學習開啟夢想人生的大門

思達的一小步，帶領孩子跨出人生的一大步！

透過多媒體數位互動、遊戲的具體操作及繪本故事評量，
激發孩子創造力、邏輯思考、分析歸納，
以培養解決問題的能力，創造更高的學習成就，
幫助孩子找到生命中最重要的自信，
進而具備面對未來挑戰的競爭力。

廣　告　回　函
北區郵政管理局登記證
北 台 字 第 10158 號

郵資已付　免貼郵票

104 台北市中山區民生東路二段 141 號 5 樓

城邦文化事業股份有限公司

橡樹林出版事業部　收

請沿虛線剪下對折裝訂寄回，謝謝！

|橡|樹|林|

書名：我也有聰明數學腦　書號：JP0088

橡樹林文化

讀者回函卡

感謝您對橡樹林出版社之支持，請將您的建議提供給我們參考與改進；請別忘了給我們一些鼓勵，我們會更加努力，出版好書與您結緣。

姓名：＿＿＿＿＿＿＿＿＿＿　□女　□男　　生日：西元＿＿＿＿＿＿年

Email：＿＿＿＿＿＿＿＿＿＿＿＿＿＿＿＿＿＿＿＿＿＿＿＿＿＿＿＿

●您從何處知道此書？

□書店　□書訊　□書評　□報紙　□廣播　□網路　□廣告 DM

□親友介紹　□橡樹林電子報　□其他＿＿＿＿＿＿＿＿

●您以何種方式購買本書？

□誠品書店　□誠品網路書店　□金石堂書店　□金石堂網路書店

□博客來網路書店　□其他＿＿＿＿＿＿＿＿

●您希望我們未來出版哪一種主題的書？（可複選）

□佛法生活應用　□教理　□實修法門介紹　□大師開示　□大師傳記

□佛教圖解百科　□其他＿＿＿＿＿＿＿＿

●您對本書的建議：

＿＿＿＿＿＿＿＿＿＿＿＿＿＿＿＿＿＿＿＿＿＿＿＿＿＿＿＿＿＿

＿＿＿＿＿＿＿＿＿＿＿＿＿＿＿＿＿＿＿＿＿＿＿＿＿＿＿＿＿＿

＿＿＿＿＿＿＿＿＿＿＿＿＿＿＿＿＿＿＿＿＿＿＿＿＿＿＿＿＿＿

非常感謝您提供基本資料，基於行銷及客戶管理或其他合於營業登記項目或章程所定業務需要之目的，家庭傳媒集團（即英屬蓋曼群商家庭傳媒股份有限公司城邦分公司、城邦文化事業股份有限公司、書虫股份有限公司、墨刻出版股份有限公司、城邦原創股份有限公司）於本集團之營運期間及地區內，將不定期以MAIL訊息發送方式，利用您的個人資料於提供讀者產品相關之消費與活動訊息，如您有依照個資法第三條或其他需服務之務，得致電本公司客服。

我已經完全瞭解左述內容，並同意本人資料依上述範圍內使用。

＿＿＿＿＿＿＿＿＿＿＿＿＿＿（簽名）

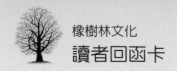